佐久間宣行のずるい仕事術———
僕はこうして会社で消耗せずにやりたいことをやってきた

机智的
职场生活

拒绝内耗，倍速晋升

[日] 佐久间宣行 —— 著　佟凡 —— 译

中国科学技术出版社
·北京·

Sakuma Nobuyuki No Zurui Shigotojutsu by Nobuyuki Sakuma
ISBN: 978-4-478-114797
Copyright © 2022 nobuyuki Sakuma
Simplified Chinese translation copyright ©2024 by China Science and Technology Press Co., Ltd.
All rights reserved.
Original Japanese language edition published by Diamond, Inc.
Simplified Chinese translation rights arranged with Diamond, Inc.
through Shanghai To-Asia Culture Communication Co., Ltd。
北京市版权局著作权合同登记　图字：01-2023-2558

图书在版编目（CIP）数据

机智的职场生活：拒绝内耗，倍速晋升 /（日）佐久间宣行著；佟凡译 . —北京：中国科学技术出版社，2024.9
　　ISBN 978-7-5236-0521-9

　　Ⅰ . ①机… Ⅱ . ①佐… ②佟… Ⅲ . ①成功心理—通俗读物 Ⅳ . ① B848.4-49

中国国家版本馆 CIP 数据核字（2024）第 042110 号

策划编辑	王碧玉　孙　楠	责任编辑	孙　楠
封面设计	仙境设计	版式设计	蚂蚁设计
责任校对	吕传新	责任印制	李晓霖

出　　版	中国科学技术出版社
发　　行	中国科学技术出版社有限公司
地　　址	北京市海淀区中关村南大街 16 号
邮　　编	100081
发行电话	010-62173865
传　　真	010-62173081
网　　址	http://www.cspbooks.com.cn

开　　本	880mm×1230mm　1/32
字　　数	100 千字
印　　张	6
版　　次	2024 年 9 月第 1 版
印　　次	2024 年 9 月第 1 次印刷
印　　刷	大厂回族自治县彩虹印刷有限公司
书　　号	ISBN 978-7-5236-0521-9 / B・165
定　　价	59.00 元

（凡购买本社图书，如有缺页、倒页、脱页者，本社销售中心负责调换）

序

刚进入东京电视台后不久,我就发现自己既不适合娱乐界,也不适合电视界。

我喜欢独处,不想勉强自己拓展人际关系。对这样的我来说,电视台的工作或许还会给我带来困扰。

21世纪初的电视界非常辛苦。更让我绝望的是,我也明白自己做得并不好。以我的性格,只有在完全理解一项工作之后才会行动,没办法老老实实地接受前辈不分青红皂白的指示。因此,我在初期的行动速度较慢。然而,这样的行为引起了前辈的大声斥责。如果接下来我对前辈的说话方式提出意见,又会惹怒对方……

那段时间我在不断重复的过程中消耗自己。

当时,电视界需要的是一支顽强的团队,并不需要像我这样总是对工作抱有疑问的人。

自从成为深夜节目的工作人员后,我几乎没有休息时间,却依然会被前辈带去喝酒。应酬结束后,下一份工作已经在等着我了。

那年夏天，我茫然不知所措，没有静下心来慢慢思考的时间。在演出结束后的烧烤宴会上，还曾经被一位烂醉如泥的前辈纠缠。

当时我已经积累了各种厌倦情绪，于是激烈地反驳了那位前辈，结果我们俩大吵起来。后来，我早早离开了宴会。

在回程的电车上，我感觉自己既没出息又羞耻，就在我想要辞职时，看到了贴在站台上的、其他电视台的新剧海报。

我呆呆地望着演员们闪闪发光的笑脸，怒火在不知不觉中涌上心头。

这是我对自己的怒火。

"我还没有尝试过任何挑战，也没有触碰过以前觉得有趣、一直在憧憬的领域。我不能就这样辞职。"

我没有在车站换乘，而是选择步行回家。走在路上，我一直在思考一件事："我想做出一部自己认为有趣的作品，可是不想，也做不到对业界中那些我不擅长的部分习以为常，我会在习惯之前崩溃。那么，我该如何是好呢……"

我要找到在坚持自己认为重要的想法时保持冷静，并得到认可的方法，以及在不与周围的环境和人们对抗的前提下实现自己想做的事情的方法。

"对了……我要变得更加机智。"

把眼前的事情仅仅当成一份工作。

我制订了一份计划，要停止正面消耗，不能只是成为一个对公司来说好使唤的人。

我要为此绞尽脑汁，如果做不到，就辞职吧。

想到这里，我心里痛快多了，情不自禁地笑了出来，感觉自己终于站在了成为社会人的门槛上了。

从那以后，我变了。

从刚刚进入公司时的绝望开始，我花了二十多年时间掌握了各种方法，悉数写在这本书中。

我写这本书，是希望能帮到尽可能多的人，比如刚刚进入公司的人，身上的担子加重、正站在分岔路口的人，还有找不到自己想做的事的人。

正因为我经历过所有阶段，才能写出这本书。

请大家尽情使用吧。

不过是一份工作，不过是一家公司。

可是只要能够处理得当，人生就会变得越来越好。希望这本书能在你进步的过程中派上一些用场。

另外，如果你的工作能让这个世界变得更加有趣、更加方便，让我的人生也变得更加愉快，这将会是最好的结果。

佐久间宣行

目录

第 1 章 工作方法篇 —— 001

01 让"快乐"成为你最大的魅力 / 003
02 "杂活"才能够变成机会 / 005
03 巧妙地运用"时间还早" / 008
04 为了得到机会，就算不喜欢也要道歉 / 010
05 使用合理的最强工具"报联商"①吧 / 013
06 商量的终点是解决问题 / 015
07 "立刻采取行动的人"最终能够留下 / 017
08 会议要靠"事先准备"取胜 / 020
09 利用会议结束后的"5 分钟"拉开差距 / 022
10 预测他人的成败 / 024
11 公司内部的初次尝试是低风险高回报的 / 027
12 "职业咨询"要选对人 / 030
13 不要太迎合公司 / 032
14 不能做"不像自己的工作" / 034

第2章 人际关系篇 —————————— 037

- 01 不能踩到"面子地雷" / 039
- 02 与最短距离相比,沟通更注重道路平缓 / 042
- 03 "傲慢无礼的态度"代价太高 / 045
- 04 用"短剧:讨厌的人"来避免争论 / 047
- 05 尝试分析"合不来的领导" / 049
- 06 夸奖是最厉害的工作技巧 / 052
- 07 在背后说人坏话的性价比很低 / 054
- 08 在公司不需要朋友 / 057
- 09 成为"不好相处"的人 / 060

专栏 | 采访 搞笑艺人组合 小木矢作 062

第3章 团队篇 —————————— 065

- 01 认清自己的角色 / 067
- 02 稍微尝试一些挑战 / 069
- 03 "你能做到",全心全意地接受建议 / 072
- 04 不要害怕,尽情展现自己 / 074

05　不要期待太高 / 076

06　与"焦急的实力派"合作 / 078

07　靠价值观不同的成员上保险 / 081

08　有时需要得"自己来做会更好的病" / 083

09　做好风险管理 / 085

专栏 | 采访　节目编剧河野良　087

第4章
管理篇
091

01　领导要比所有人工作更认真 / 093

02　正因为是自己人，才需要关心 / 095

03　在开会时利用团队成员的自尊心 / 097

04　批评方法有诀窍 / 099

05　白费力气时，要想一想是不是自己"说明不够""负担过重" / 101

06　面对惹是生非的人要先发制人 / 104

07　不要责备别人，要解决制度问题 / 106

08　不要接过下属的工作 / 108

专栏 | 采访　东京电视台制作人伊藤隆行先生　110

第 5 章
策划方法篇 ———————————— 113

- 01 认真对待策划书 / 115
- 02 佐久间流构思法①"反转法" / 118
- 03 佐久间流构思法②"组合法" / 121
- 04 在策划中混入"只属于自己的原液" / 123
- 05 传达出"有趣的核心" / 125
- 06 要养成做策划的习惯 / 127
- 07 利用自己的人设 / 129
- 08 应该在什么情况下送出策划书? / 132
- 09 没有不赚钱也可以做的项目 / 134
- 10 从好失败中学习 / 136
- 11 不能连续失败 / 138
- 12 不断吸收新鲜事物 / 140
- 13 痛苦的事情总有一天能变成素材 / 142

专栏 | 佐久间宣行的策划书 145

第6章
心理健康篇 —————————— 149

01　心理健康第一，工作第二 / 151

02　只有划定期限，你才能变得无敌 / 154

03　可以对烦恼进行"因数分解" / 157

04　在公司，有时需要坚持"利己主义" / 159

05　让好运气成为自己的帮手 / 162

06　当你缺乏干劲的时候，

　　或许是陷入了重复劳动 / 165

07　有节能模式是好事 / 168

08　相信奇迹 / 170

解说　与佐久间宣行一起工作的故事 / 175
结语 / 177

机智的职场生活
拒绝内耗,倍速晋升

第 1 章
工作方法篇

CHAPTER 1

让"快乐"成为你最大的魅力

01

第 1 章　工作方法篇

露出笑容也好，发出洪亮的声音也好，做出夸张的反应也没问题。**总之，请大家快乐地工作吧，并且让周围的人和领导看到你快乐工作的样子**。只要让别人觉得你从事的是你自己喜欢的职业，可以非常愉快地工作，就会有令人愉快的工作找到你，领导也会给你分配你喜欢的工作。

表现出快乐的方式，**除了能向周围的人展示"我想做这份工作"**，还可以向给你提供机会的领导**表示感谢**，传达**"感谢您让我做这份工作"**的意思。

当然，大家也可以用语言传达出自己的快乐。无论如何，只要对自己得到的工作给出正面反馈，就能够产生良性循环。**"展现好心情"的好处是无法估量的**。

相反，如果明明做着自己喜欢的工作，却总是找借口，总是表现出负面情绪，就会打击周围人的积极性，导致很难得到下一份工作。

身处集体中，情绪低落不会给你带来任何好处。

无论是在即将进入 30 岁的时候，还是成为公司的中坚力量之后，又或者是成为自由职业者之后，我都非常重视展现快乐的工作姿态。

与我们的人生有关联的人是有限的。正因为如此，我认为展现出自己闪闪发光的一面，愉快地工作，一定会带来收获。

"杂活"才能够
变成机会

02

任何公司中都有一些所谓的"无聊工作"。这些工作看起来毫无价值、琐碎且很难让我们提高能力水平、增加自信,它们只是推动工作进程的齿轮。从某种意义上来说,这种工作是最辛苦的。

可是在所谓的"无聊工作"中,有些可以被转变成只有你才能完成的工作。无论什么样的工作,都有变得更加有趣的余地,也有改善的余地。

就算是所谓的"无聊工作",如果你能通过自己的思考和努力,让它变得可以给周围的人带来快乐,它就会变成出色的"只有你才能完成的工作"。

如果能享受这个过程,你就能减轻压力,同时提高公司对你的评价。

面对不得不完成的工作,请你试着为它增加只属于你的原创色彩吧。

对我来说，入职第一年接到的电视剧助理导演的工作就属于所谓的"**无聊工作**"。其中很多都是杂活，总之就是很辛苦，我当时会偷懒，会说领导的坏话，会心情不好……真的是最糟糕的助理导演。

有一次，我这个最糟糕的助理导演又接到了一件"**杂活**"。导演突然让我准备第二天拍摄需要的小道具——**足球社团的女经理亲手做的便当**，而且它只会出现在画面的背景中，观众甚至看不到它完整的样子，对剧情的影响可能不大。

我借用了一家居酒屋的厨房，在工作结束后的夜里开始动手做便当。尽管如此，女经理亲手做的便当依然是我想象不出来的。我尝试做了很多次，但总是不够真实。

"总觉得哪里不对劲……"我呆呆地站在厨房里束手无策。就在我抱着头嘀咕时，突然想到："**对了，既然她是足球社团的经理，那我就做一个足球形状的饭团怎么样？**"

于是我立刻做了两个饭团，并把海苔切成了六角形贴在上面。饭盒里摆好了两个丑丑的"足球"。

"这不是挺好的吗？"

冒出这样的想法后，我做其他配菜时也更加用心。我把香肠切成了章鱼的形状，还想把鸡蛋卷做得漂亮一些。

我看了看表，不知不觉已经到了早上五点，拍摄将在两个小时后开始。明明是随便做一做的话只需要几十分钟就能完成的工作，我竟然花了几个小时。

我带着盛有便当的饭盒离开居酒屋，直接去了拍摄地。进入拍摄现场，导演看了便当后，对我说："**改一下剧本，我想把这个便当放在剧情的主线里。**"

就在那时，我的内心发生了某种变化。

我本来以为是推动工作进程的"无聊工作"，却因为我的努力变成了"只有佐久间才能完成的工作"。**这就是我第一次体会到"工作乐趣"的瞬间。**神奇的是，拍摄现场从那一天起变得有趣起来。

就算是微不足道的工作，也一定会有人看到。

一定会有人认可。

如何才能将推动工作进程的"无聊工作"变成只有你才能完成的工作，变成积累信任的机会呢？应该如何将"随处可见的杂活"变成"只有我才能完成的工作"呢？思考这些问题，会让工作变得有趣。

巧妙地运用"时间还早" 03

"等我的能力再强一些……"有的人会不停地说着这样的话,拖延时间不去做自己向往或者感兴趣的工作。

我认为这是非常遗憾的事情。

当面对一个具有挑战性的项目时,或者面对一个只要有所行动就能抓住的机会时,我会竭尽全力坚持到底。

虽然嘴上这样说,但我很能理解缺乏自信以及害怕的心情,还有不想失败、不想丢人的心情。其实我的性格同样如此,在认为自己一定能做到之前不会行动,因为觉得为时尚早而退缩的情况数不胜数。

可是无论积累了多少经验,人们都很难达到自认为能力足够强大的状态。而且无论你面对什么样的挑战,接受得早,都能得到更多收获。

举例来说,做好失败的准备后提出方案或者毛遂自荐,这么做的优点是：就算遭到拒绝，也能给对方留下印象。越是一流人才或者业界权威，越希望遇到才华出众的年轻人，几乎没有人会说出"你这种人还敢举手"这样讽刺人的话。

相反，如果你能鼓起勇气举手，至少会让对方记住"当时××跟我说话了"，或许今后会有意外的收获。

另外，缺乏经验的人有时可以**获得被原谅的特权**。就算有些工作超出自己的能力范围，也请你不要害怕受伤，向前踏出一步吧。

只要前进，就会有意料之外的世界在等着你。

04 为了得到机会，就算不喜欢也要道歉

任何人都会犯错。

所以当你因为粗心大意而犯错时，只需要坦率、充满诚意地道歉。这是最有效的"道歉法"。

道歉的时候绝对不能顺口说出犯错的借口。也不能因为不想道歉，就把错误推到别人身上。当然，因为尴尬而不道歉，等着事情逐渐平息的做法更不像话。

尽管我有时会看到得了"绝不道歉病"的人，但是我每次见到这样的人，只会觉得可惜。因为不道歉会失去很多东西。而正确的道歉方式，则不会让你失去任何东西。

也有人并不是不能道歉，而是总想着耍手段，结果弄巧成拙。

我经常看到有人向公司外部的人道歉时说："真的很对不起。我是想按照您的意见来做，可是我们公司的人太

固执……"

道歉的人为了表现自己是对方的伙伴,而把自己的公司摆在了双方共同敌人的位置上。

做这种事情的人只是不想让自己成为"坏人",完全称不上是有诚意的应对方式,对方会觉得"你不也是你们公司的人吗"。

在这种时候,你应该将没能阻止事情发展到如此地步的责任全部揽下,让对方看到你代表公司向他道歉的态度。

当电视台出于自身原因决定终止节目时,有时人们能看到与心怀不满的嘉宾和相关人员站在同一立场的节目负责人。

然而,这样的**节目负责人可能会失去负责下一个节目的机会**。

无论是对自己来说,还是对嘉宾来说,都是明显不利的。

如果能得到负责下一个节目的机会,就可以再次与同样的嘉宾合作,大家都希望和**能够和平相处、得到电视台支持的人合作**。

所以我就算真的对电视台的决定有些许不满,也会以"东京电视台的佐久间宣行"的身份,带着诚意道歉。我不会说电视台的坏话，也不会和电视台的领导吵架。

不要受一时的情绪控制，要从大局考虑，如何才能让工作更容易完成，如何才能抓住机会。

使用合理的最强工具"报联商"①吧

05

报告、联络和协商是任何介绍工作方式的书里都会提到的基础中的基础,不过这三件事确实是做得越勤快越好,尤其是"报告",更是必不可少。

应该共享的有"进度状况"和"优先顺序"。这两项内容应该尽早共享。原因有两个。

"为了不让领导感到不安,不让领导抱怨。"

"为了不让领导的领导抱怨。"

如果看不到进度状况,领导会心怀不安,可能会怀疑下属**"是不是在偷懒,是不是忘记了工作,是不是遇到了瓶颈"**。

尤其是在远程办公的情况增加后,领导的**不信任感**会越来越强。结果,心怀不安的领导会开始**约束**你。比如在

---

① "报联商"是报告、联络和协商的简称。——译者注

各种事情上插嘴，试图将你置于自己的控制之下。有时说不定还会推翻自己说过的话。

在这样的环境中，我们没办法按照自己的想法工作。 所以报告、联络和协商变得非常重要。

"A 工作是这个人布置的，B 工作是那个人布置的。可是要以客户为先，客户布置的工作是 C，所以今天要开始做 C。"

就算领导没有问，你也要事无巨细地汇报自己的工作情况。

现在大家或许都在用**邮件**或者**线上通信软件**了，而过去我会把工作情况写在一张比较大的便笺纸上，贴在领导的桌子上。这样做可以让领导对我的工作情况一目了然，知道我的工作量有多大，甚至有时候如果工作量明显超负荷的话，领导还可以帮我想办法。后来，领导**布置超负荷工作**的情况有了很大的改善。

不让领导的领导抱怨同样重要。**或许资历浅的员工很少注意到，其实领导也有领导。** 也就是说，你的领导也有"报联商"的义务。

如果你在"报联商"上偷懒，那么你的领导同样也无法完成工作，会被认为是**"管理不力"的**。

要想在公司里毫无压力地工作，"报联商"是不可或缺的、合理的最强工具。

商量的终点是
解决问题

06

当你有工作方面的问题时,会和谁商量呢?通常是前辈、领导、父母、朋友……通过和他们商量,你能解决多少问题呢?

如果你不仅想纾解压力,还希望从根本上解决问题,就从改变商量的对象开始吧。

要选择的不是你想要倾诉的人,而是能够解决问题的人。

商量的目的是解决问题。既然如此,商量的结果就应该是倾诉的对象帮我们解决问题。

这就是说,倾诉工作方面的烦恼,**是为了制造契机,让对方采取行动**。所以当你烦恼时,首先需要考虑的是如何解决眼前的问题。然后思考让什么人采取行动才能够解决问题,找到关键人物并和他商量。

对方可以是你的直属领导，也可以是你的客户。

倾诉有窍门，在说出内容之前，首先要告诉对方你为什么要与他商量。

"我觉得只有您才知道解决办法，请您教教我。"

"我听说您有做那个项目的经验，请您跟我说说吧。"

告诉对方你为什么选择他，既能明确烦恼的方向，还能让对方更加感同身受，让对方明白，**对现在的你来说，与他商量是有意义的**。

只要能让对方理解为什么找他商量，并且展现出足够的真诚，那么对方不仅会认真听你说话，还会立刻采取具体的行动，帮你解决问题。

商量的重点不是寻求共鸣，而是解决问题。因此，商量的对象应是与自己相比，具备压倒性实力的关键人物。

"立刻采取行动的人"最终能够留下

07

以下是我从糸井重里先生那里接到工作委托时发生的一件事。1998年，糸井先生创立了"**基本日刊糸井新闻网站（俗称 Hobo 日刊）**"，后来，Hobo 日刊成为非常受欢迎的网络媒体，日渐注重视频内容。

我也接到了视频领域的工作邀请，邮件里表示希望在某段时期录制节目。可是具体时间到下个月才能确定，于是我立刻回信，请对方等我确定行程。

到了第二个月，我给对方发了我已经确定的行程，结果对方说："**真没想到您在我们联系您之前就发来了邮件，我们还是第一次遇到这样的事。**"

我只是做了理所当然的工作，他们这样说倒让我吃了一惊，不过 Hobo 日刊的工作人员会接触各种各样的人，既然他们这样说，可见**确实有不少人连这么基础的工作都**

不做。

不仅是工作上的回复，在任何事情上，不拖延、立刻采取行动的人都能和其他人拉开不小的差距。

拒绝工作时同样如此。任何人在被拒绝时都会感到失落。正因为如此，如果回应迅速，给别人留下的印象就会大不一样。

拒绝的时机不同，有时会让对方期待下次合作，有时会让对方再也不想与你合作，可以说一切都取决于你有没有立刻采取行动。

所有的工作都是从缘分开始的。就算当时没能合作，但是没有人知道未来的情况。因此我认为大家交流时要注意避免主动切断缘分。

有些接受委托的人会认为"反正是要拒绝的"，甚至不回邮件，也有些人等到快要忘记的时候才回复，这些都是非常冷淡的行为。

因为对方会担心你没有认真阅读邮件，如果要拒绝，对方一定希望你能果断拒绝，毕竟他们必须开始准备向下一个人提出委托。

站在对方的立场上思考，当然希望接受委托的人能立刻给出回复才好。请大家尽情发挥想象力，带着诚意面对合作伙伴。

无论对方是 Hobo 日刊还是学生报纸，我的对待方式完全不会改变。我会重视速度，就算要拒绝对方，也从来没有无视过对方。

"虽然很遗憾这次没办法合作，不过下次还想找您。"

能让合作伙伴产生这种想法的人，最终会得到一切。

会议要靠"事先准备"取胜

08

身在集体中,任何人最初都是"多数人"中的一员。

那么要想从"多数人"中脱颖而出,做自己想做的事情,机会从何而来呢?**简单来说,就是"会议"。**

在这个方面,你至少要鼓起勇气,拿出在会议中取胜的气势。

不过在会议中取胜并不意味着在辩论中战胜领导和前辈。**而是指让拥有决定权的人看到你,对你留下印象,认为你挺能干,是个有趣的人,这就是从"多数人"中脱颖而出的关键。**

成为中坚力量甚至资深人士后,给领导留下印象需要你做出成功的项目或者在日常工作中做出成果,**但是如果你还无法进入一个项目的核心,那么对你来说,会议才是工作的正式舞台。** 希望你能够在会议中展现自己。

要想成为在会议中脱颖而出的人，最重要的是准备。会议中重要的是，了解什么事情必须在会议中做出决定，什么事情可以推迟，掌握工作日程和优先顺序，在此基础上，事先做好以下准备。

·准备好应对会议中可能会提出的问题，保证自己能够流畅地回答。

·事先准备好可能需要的资料。

·整理好自己的想法，保证随时被问到时都能回答。

·查一查上次开会时提到的话题，如果有需要可以带到下一次的会议中。

如果能让别人认为工作开始后，**把事情交给你就能顺利进行**，这就是你的胜利。

希望大家能够做好周全的准备，可以应对任何会议。

把会议当作努力的舞台，就能在之后的应酬以及私人时间里放松自己。若你希望和公司里的人保持私人关系的话另当别论，如果并非如此，那么选择在会议上努力，总比在酒局或者高尔夫场上与领导和前辈处好关系**性价比**更高。**如果搞错了需要努力的场合，就只会白忙一场，让自己变得辛苦。**

想在工作中做出成果，想提高存在感——如果你有以上想法，首先要在会议中做出成果。这是捷径。

利用会议结束后的"5分钟"拉开差距 09

我是个健忘的人,在日常生活中也经常搞砸事情。

正因为如此,我明白一点,开会时没有在前一次会议的基础上提出想法的人,以及提出的计划完全偏离要点的人,他们并不是缺乏干劲,而是纯粹忘记了上次会议的内容。

假设第二次会议要在一周后进行,如果你在会议即将开始前才着手准备,就会忘记上一次会议的要点。

无论在开会时讨论得多么热烈,健忘的人只要过上两三天,就会忘记当时讨论的内容。

因此在会议结束后,请大家立刻整理要点,记录下能够当场解决的问题和当时想到的主意。

假如我是领导,在项目进行到一半时,如果有人拿出的方案让我觉得"上次的会议说什么,你都没听吗",我确实会感到失望。

为了避免这种事损害自己的信用，我希望大家重视会议后的"复习"。

只是随着远程会议的增加，开会的次数也越来越多，没有时间复习的情况同样越来越多。在这种情况下，我会在会议进行到后半程时开始整理。

我会在会议即将结束时，打开谷歌的笔记栏记录当天的会议要点和下次开会时需要完成的工作，以及我在下次开会前需要准备的内容。只需要做好这一步，就能让你在会议中的收获变得截然不同。

顺带一提，只要把记事本中的内容和资料全部粘贴在笔记栏中，就可以省略在电脑里寻找资料的工夫。

只需要在会议结束后花短短 5 分钟，就能改变一周后别人对你的评价。

请大家不要过于相信记忆力，养成及时复习的习惯。

预测他人的成败

10

如果你想在工作中成长，就必须付出**正确的努力**。

为了付出正确的努力，我建议大家首先**养成在面对每一项工作时建立假设，在头脑中完成构想的习惯**。在没有假设的情况下闷头向前跑，是一种无法积累经验的错误努力。

建立假设后实行，实行后验证。如果出现偏差就要进行**修正**。如果假设成立，就**收藏**在名叫"成功"的抽屉里。重复以上过程，人就会在工作中成长。

制作东京电视台第一档面向孩子的节目《Piramekino》[①]时，我 33 岁。

我想在以前用来播放面向青少年综艺的傍晚时段里，

[①] 从 2009 年 4 月 6 日到 2015 年 9 月 30 日在东京电视台播出的儿童节目。——编者注

用同样的预算制作一档面向孩子的节目,于是打探了公司的意向。

我的挑战在公司内部引发争论,负责制订策划方案的编导们目瞪口呆地说:"面向孩子的节目在这个时段能卖出去吗!""佐久间又要做奇怪的事情了……"

但我在这件事情上有自己的假设。

在富士电视台从下午 5 点开始播放的**小猫俱乐部的节目《黄昏喵喵》**成功后,东京电视台在制作节目时,就会认为傍晚的观众全是青少年。

但是在我进入公司时,很多中学生已经不会在这个时间段里在家看电视了。有人去上补习班,有人参加社团活动,有人和朋友玩耍。那么在家的是什么人呢?**是小学生和他们的母亲**。既然如此,如果制作一档面向此类人群的节目,说不定能火。

结果我的假设成立了。就算你不是主要制作人,也可以练习建立假设。大家年轻时,如果怀疑团队领导和前辈负责的项目不能击中目标受众的话,也可以建立自己的假设。

或许你没有机会展示自己的假设,但是你可以通过观察领导的策划方案所取得的成果,来验证自己的假设,这同样能够成为一项宝贵的财富。

我年轻时也做过同样的事情,在领导和前辈负责的节目中建立自己的假设,通过收视率和观众的反应来**获得答案**。

最无法带来成长的工作方式是不建立假设、盲目地服从安排。既然难得有工作,你就应该养成具体分析和建立假设的习惯。

公司内部的初次尝试
是低风险高回报的

11

第 1 章 工作方法篇

我推荐大家要特意寻找公司内部初次尝试的项目。

公司以前从来没有接触过的项目；未来很可能为公司赢利的项目；符合公司的发展趋势，将来有望给公司带来提升机会的项目。

如果能做符合以上条件的工作，就算只取得了小小的成果，也能够引人注目。只要成功，就能成为**"第一人"**，成为公司的重要人物，增强话语权。

当然，初次尝试总是需要反复试错，前方都是未知的事物，你会经常碰壁。可是，同样可以先于其他任何人，由自己独占初次尝试中才能获得的知识和经验。

比如深夜综艺《神之舌》。众所周知，这档节目的DVD销量相当高。**但是这并非偶然。**其实从一开始，这档节目就是为了卖DVD而制作的，因为节目组想创造一种赞助之外的赢利方式。

尽管这是东京电视台的初次尝试，不过当时正是搞笑节目崛起的时期，个人购买DVD的文化已经深入人心，于是我**假设**用户有需求，以做公司内部的"排头兵"为目标制作了这档节目。

之后我的预感成真了。我凭借这次成功，成了公司内部DVD制作领域的第一人。

新冠疫情时期开展的网络综艺节目**《这里那里奥黛丽》**同样如此。当时网络综艺的市场还是一片空白，于是我在这股风潮即将到来时，早早拿出了成果，给市场带来了冲击。

于是，我又成了**网络综艺的第一人**。

顺带一提，这并不是只有我才能发现的特殊趋势。只要是有一定敏感度的人，应该都能够感受到吧，但是却没有前人去做。在这种情况下，不要想"既然没有先例就不去做"，而是要带着"要成为先行者获得利益"的想法去做，才能留下巨大的成就。

初次尝试其实是低风险高回报的方式。

如果你想做的事情有失败的先例，你可能会遭到强烈的反对。然而，对于别人都没有经验的事情，你反而能够排除万难去做。在这种情况下，你并不会承受过多期待，就算失败了，最多只会被人嘲笑一句"果然如此"，但**只要成功了，你就能一举成为"第一人"**。

所以没有理由不去做。先从小小的挑战开始就好。请你找出自己能够做到的"初次尝试"吧。

"职业咨询"要选对人

就业、转行、副业、创业。当我们为职业方向而烦恼时,就会想要找人咨询——"前辈、领导、家人会给我们很多建议吧"。当然,这件事本身并没有错。

可是请大家不要忘记分辨他们的建议是一般建议,还是针对你个人的建议。一般建议终究只是泛泛而谈。适用于很多人的一般建议不一定适合你自己。

比如"刚毕业的人应该进入大公司,磨炼作为社会人的基本能力",这项建议同样是忽视时代和个性的一般建议。

诸如此类关于职业路径的一般建议有很多,也有不少相互矛盾的地方。"滚石不生苔"这句话本身就有两个含义,一个是"反复转行的人既得不到地位,也得不到金钱",另一个是"积极行动的人始终充满活力"。因此,如果对方的建议不是针对你个人提出的，就不需要听。

比如我就听到过很多人建议我不要只做深夜节目，最好也做做黄金档的节目。但这只是一般建议，听起来并不是针对我个人的职业生涯提出的。

当然，大家都没有恶意。我也明白大家说这些话都是为我好。

因此，如果要做职业咨询，就要寻找能真挚地考虑你的情况并认真提出建议的人。请大家珍惜那些具有独创性的回答吧。

不要太迎合公司

公司有不同的评价标准，用来评价什么样的员工才是优秀的。

电视、报纸、金融、制造业，不同领域的标准各不相同，不同公司的标准也完全不同。**而且一旦偏离公司制定的标准，就很难获得认可。**

以电视台为例，直到不久前，"**家庭收视率**"还是全部标准。因此能提高家庭收视率的员工就是出色的员工。

然而，我认为对只受年轻人欢迎，能在网上引起话题的节目的需求会超过适合全家收看的节目，形势逆转只是时间问题。所以我策划了节目《**神之舌**》。

尽管在 15 年前，我的意见完全不被业界接受，但是现在已经成了大家的共识。以东京电视台为例，适合网络播放已经成为公司的利器，并且成为东京电视台的品牌特色。

我凭借制作有东京电视台特色的演出节目、DVD等周边产品，开拓全新利润渠道的贡献，在离开公司时在业界获得了自己的地位。

我虽然没有制作出家庭收视率高的节目，依然收获了好评。**在公司里做出某些成绩，获得好评是一件重要的事。**只要你还在公司里工作，就一定是这样。

但是如果你对做这件事产生了强烈的不适感，或许贯彻自己的想法也不错。

众所周知，社会的变化速度非常快。评价好坏的标准在以惊人的速度发生改变，公司的支柱业务也在不断改变。

以出版界为例，曾经占主流的**杂志广告收入**减少。以音乐界为例，**CD销量**的收入同样在减少。

昭和时代①，没有人会想到百货商场会被迫陷入如此艰苦的境地。赚钱的部门、明星部门每隔几年就会发生改变。

但是，公司的评价标准并不会轻易改变。这项标准原本应该结合业务的实际情况灵活变化，却始终被置之不理。

如果你觉得不对，而也只做会被公司认可的工作，那么就会产生长期的判断失误。得到受陈旧价值观影响的人的好评，反而是个危险信号。有时相信自己的感觉，同样能做出重要的判断。

---

① 日本天皇裕仁在位使用的年号，使用时间为1926—1989年。——编者注

14 不能做"不像自己的工作"

品牌人的说法已经深入人心。品牌人是指那些个人的名字比公司的名字更有吸引力的人。

说到品牌人,或许有很多人会想到社交媒体上粉丝众多的人、闪闪发光的人、夸夸其谈的人吧。其实并非如此。

品牌人是指有信用、受到人们期待的人。

有信用意味着"既然是他就没问题",受到期待意味着"他应该会做出某些令人兴奋的事情"。有了信用并受到期待,就能树立个人品牌,成为受关注的人。无论在服务行业还是销售行业,抑或其他任何工作领域。

我从 30 岁左右开始,就开始考虑让自己成为品牌人,为离开公司之后的生存做准备。

为此,我在自己理解的"有趣"方面绝不妥协。和对"美味"绝不妥协的蛋糕店老板一样,他们不会卖自己不喜欢吃的蛋糕，正是出于打造品牌的考虑。

我们也要尽可能避开"不像自己的"工作。比如蛋糕店老板就不能卖猪排。蛋糕店老板或许能做猪排，但或许不如猪排店里做得好吃。

我现在作为自由职业者，能得到很多份工作，或许就是我积累的信用和期待带来的结果。

另外，建立个人品牌必不可少的信用，其实并不仅仅来源于工作成果。以佐久间宣行为例，人们对佐久间宣行这个人本身的信任同样必不可少。**无论一个人做过多少份工作，一旦人品出现了问题，别人就会立刻离开。**

我成为自由职业者后，得到了很多人的支持，我想是因为我从来不会逼迫他人，会完成客户想做的事情，展现出自己的魅力，始终在制作积极向上的作品。

我天生不喜欢"挠痒痒"的搞笑形式，或许这种选择也建立了"不会以他人为踏板"的品牌（信用）吧。

个人品牌不是一朝一夕可以建立的，但失去只需要一瞬间。企业品牌同样如此，用户只要感到失望，就会立刻离开。每天的工作和行为积累起来，才能形成信用和期待。或许最终，工作和真诚就是最好的品牌塑造吧。

机智的职场生活
拒绝内耗,倍速晋升

第 2 章
人际关系篇

CHAPTER 2

不能踩到"面子地雷"

人会在什么情况下攻击他人呢?是被驳了面子的时候,是被伤了体面和个人形象时,是感到羞耻时,是感到自己被小瞧或者被轻慢时。

在这些情况下,别人会把你当成"敌人"。

有时,他们会像一头受伤的野兽那样不顾一切地攻击、扯后腿、落井下石,变成非常难对付的人。只要在集体中工作,我希望大家一定要记住一点。

人会为了面子而行动。

可以说有九成的争吵都是因为有人觉得自己被小看了。可是,我们经常有可能驳了某个人的面子。比如在公司内部启动新项目的时候。

尽管你是无心的,但"新的东西"往往是从否定过去中诞生的。因此,你有可能会在不知不觉中说出贬低一起做过项目的前辈或领导的话。

新项目之所以很难受到欢迎，就是因为有被驳了面子的人存在。所以大家要充分表现出对前人的敬意。

还有下属辞职的时候。就连先向谁提出辞职这种小事，都有可能让一些人感到没面子。

在所有情景下，大家都要避免踩到"面子地雷"，要体察人情世故的微妙之处，慎重行动。绝对不能让对方感到自己被怠慢、被轻视。这就是"公司中的生存法则"。

如果说"不驳人面子"是自我防御的第一项策略，那么第二项策略就是"给别人面子"。

只要你给了他人面子，就能降低被攻击的风险。他们会因此得到安慰，觉得虽然看你不爽，但是也没办法。

年轻时，你或许会觉得这是违背内心的，不愿意做。觉得这不就是对强者阿谀奉承吗？

然而，事实并非如此。

给别人面子是作为组织中的一员，作为社会中一员的"**战略**"。这并不是主动讨他人欢心，说些不走心的话，或者通过表扬对方让他们开心，与内心无关，而是在双方利害关系一致时，带着"真是没办法"的想法建立的契约。

"真让人火大。"

"想让他无话可说。"

如果你被这种幼稚的感情摆布，想给对方施加精神上的损失，兜兜转转后一定会给你带来损失。

　　重要的不是战胜对方，而是得到一个能够无障碍地工作的环境。我之所以能够自由地工作，只是因为没有驳了任何人的面子。

与最短距离相比，沟通更注重道路平缓

02

直截了当地说出正确但刺耳的话，往往会令人讨厌。因此，当大家有话想说时，需要注意表达方式。

与最短距离相比，沟通时最好走一条平缓的道路。从逻辑出发讲述正确的道理，无论如何都会变成否定公司和对方，而且让对方认为你表现出"我比你懂得更多"的样子。让面前的人心情不好，是不会得到任何好处的。

那么该怎么做才好呢？当你的意见可能和公司领导的意见相左时，要保持友好的态度。

举例来说，我在三十五六岁的时候，已经在深夜节目和儿童节目中做出了一定成绩，几档可以被称为电视台招牌的黄金档节目也好几次找到了我。

我很感谢大家对我的认可。但是我每次都会拒绝。因为我觉得从公司生态的角度来说，不能只有制作用来赚取

收视率的主流节目的人,也要有能做出与众不同的节目的人。

然而,我并没有得到领导的理解,我和领导吵过好几次。我没有控制住自己,直接说出了自己的想法:"比起谁都能做的节目,让我做只有我才能做出的节目,才能给公司带来更大的利润吧?"

于是,制作过黄金档节目的领导觉得没面子,生气地说:"你只想做自己愿意做的事情,别找借口了!"结果发展成一场互相揭短的闹剧。

不过,有一次我发现,**如果我采取这样的态度,那么无论过多久都没办法和领导处好关系。**

于是我改变了说话方式。

"我不擅长做黄金档的节目,完全想不到方案。所以还是让擅长的同事来做吧,希望领导能让我把全部精力放在有我的风格、能给公司做贡献的工作上。"

虽然话里的内容一样,但是从那以后,再也没有黄金档的节目来找我了。我真的没有再听到任何异议。

选择正面突破引发冲突也并不是坏事,只是需要走一条**凹凸不平的坎坷道路**。推进工作的效率低一些。

另外,不要驳斥对方的意见,只需要表达出"这是为了公司","**是自己不够成熟**",就能铺好一条平坦的路。补给燃料的地方（协助者）也会增加，还能够顺利到达目的地。

在没办法彻底放下自我的状态下，提出自己的主张与对方战斗，是不会有好结果的。在驳对方面子的瞬间，你也击溃了自己的可能性。

"傲慢无礼的态度"
代价太高

看人下菜碟的人很丑陋。

比如：在领导面前和在下属面前有两张面孔的人。在店员面前颐指气使的人。为了让自己显得了不起而虚张声势的人。

看到这样的人，我会觉得羞耻，坦率地说，我讨厌这样的人。这不仅仅是个人喜好的问题。正因为如此，我才要从优势和劣势的角度来分析。

傲慢无礼的态度代价太高。对所有人一视同仁的人，结果往往会获利。无论别人的立场、成绩、身份、性别、年龄等如何，以同样的态度面对任何人，可以拯救未来的自己。

无论我是和新人助理导演说话，还是和制作人泰斗说话，都会注意不要冲破礼貌的界限。

只是我与生俱来的性格，并不是刻意为之，不过后来我发现这种做法确实为我的工作带来了好的影响。

不要给任何人留下不好的印象，不要树敌，不要招致不好的评价，那么一旦你有需要，大家都会来帮忙。

成为自由职业者之后，我更加深刻地感受到了平等待人能够得到的恩惠。

对待他人时，无论是颐指气使还是谦恭有礼，花费的精力基本没有区别。

"喂，把这个做了！""抱歉，能麻烦你一下吗？"说这两句话要耗费的能量完全一样。

可是给对方留下的印象却千差万别。

如果别人在帮忙的时候，心里想的是"**我绝对不想和那家伙一起工作**"，以后就不会邀请你一起做有趣的工作了。

工作要靠缘分。没有人知道会在何时、与谁、以什么样的身份再会。为自己的人生着想，就能明白什么样的做法更有利吧。

人是会在有机会颐指气使的时候摆出架子的生物。但是这种做法**很差劲**，为了满足瞬间的虚荣心，**要失去太多东西**。

没有必要卑躬屈膝，只是无论面对下属还是领导，都要一视同仁，注意平等、有礼貌地交流。

只要做到这一点，人际关系就会发生巨大的改变。

用"短剧：讨厌的人"来避免争论

04

无论如何都要和讨厌的人一起工作时，我有一个办法推荐给大家。这是我在不得不和不擅长应对的人说话时发明的技巧，目的是避免将和对方的交流变成没有结果的争论。

那就是在与不喜欢的人面对面的瞬间，在心中高唱"短剧：讨厌的人"。没错，正是搞笑艺人在开始表演短剧前说的节目名称。

"短剧：性格恶劣的人"

"短剧：以自我为中心的客户"

只要在心里加上标题，就能客观地审视自己和对方，甚至能乐在其中，比如在心里想："他还是那么不讲道理！以后把这件事当成策划素材吧。"

这样一来，你就能从容对待讨厌的人，不至于采取不礼貌的态度应战。

　　大概是因为**我面对任何事情都能取乐的性格**吧，又或者是因为我本来就性格稳重、不容易生气，又或者是因为我对别人完全没有期待，在面对各种各样的情况时，我往往会被安排面对麻烦的人，工作伙伴们会说："那个，佐久间，你能帮我跟他说吗？"

　　虽然有时也会遇到真的很麻烦的人，不过多亏了"短剧法"，我从来没有让事情发展到产生纠纷的地步。

　　养成俯瞰自己所处状况的习惯，你就能减少情绪激动的次数，不会经常生气、受伤。如果你想集中精力工作，可以利用这种技巧和麻烦的人相处。

尝试分析
"合不来的领导"

05

无论怎么努力都和领导合不来。控制不住反抗的情绪，结果和领导发生冲突。明明是喜欢的工作，却因为领导而感到厌烦……

这种情况下，请大家关闭情绪的开关，打开逻辑通道。

首先，写下领导对你说的话，"分析"自己最近都因为什么事情受到了指责。

大致写好后，用〇和×做标记，表示自己是否能够接受。在你觉得有些道理的话后面画〇。在你觉得听不进去的话后面画×。

通过用〇和×做标记，你可以确定领导在哪些方面让你感到不快。是领导说的话本身没有道理，给你制造了压力？还是与领导的交流方式让你产生压力？结果不同，解决方式也会发生改变。

假设结果都是○，就说明领导说的话没有错，只是絮絮叨叨的说话方式或者带有攻击性的语言伤害了你的感情。

明白了这一点，就可以鼓起勇气要求领导改善说话方式，告诉领导："您的语气严厉，让我觉得自己受到了指责。听您这样说，我会缩手缩脚，失去干劲。"

假设结果都是×，就请你拿上表格去找的领导吧。只要有了"○×表"，你就不会被当成情绪化的人了。可以直接表明"我和他合不来，这样下去工作做不好"，请领导的领导给领导调岗，或者给你调岗。

大家或许会担心，直接找领导甚至领导的领导摊牌，会在公司里被排挤。

可是领导和下属是平等关系。只是在组织结构上分了先后，其实都是在同样的地点一起工作的人，应该平起平坐。当别人的行为导致自己的工作面临困难时，只要有合理的原因，那么要求改善就完全不奇怪。

遇到不讲道理的领导时，不要觉得自己是下属，就应该忍耐。如果你不说出自己想说的话，工作环境就不会改变。

可是，没有合理的原因、不讲究战略的反抗只是任性，会被当成狂妄傲慢、情绪化的人。

因此，我们需要分析。重要的是在了解对方的基础上，有理有据地进行交涉。

夸奖是最厉害的
工作技巧

06

　　对我来说，夸奖是"**最好的娱乐**"。发现别人的优点会让我心情愉悦，无论是直接还是间接的，只要对方听到我的夸奖就会开心。

　　所以在庆功会上一边喝酒，一边夸奖工作伙伴、团队成员，甚至某个不在场的人，是我最开心的时间。

　　夸奖对方同样是成本最低却最厉害的工作技巧。因为夸奖同样意味着你知道对方的武器是什么。

　　只要知道对方的武器是什么，就自然能够明白自己想和他合作什么样的项目，他在什么情况下能大展身手，向别人介绍他时能整理好他的长处，和他合作时能马上想起他的技能，这些都是好处。

　　相反，如果在意别人的负面形象，就连自己都会被拖累。比如见面时，对他的能力评估低于实际情况，会不自觉地躲开他……在这种情况下，两人很难达成良好的合作关系。

不擅长夸奖别人，不擅长发现他人优点的人，或许是因为对抗情绪和嫉妒心作祟，**认为夸奖同事会让对方的口碑变好**。

然而，这种行为只会显现出你的气量小。就算夸奖的动机一开始是为了自己也没关系。为了达成良好的合作关系并展现出自己好的一面，这些动机都没问题。

有趣的是，一旦习惯了夸奖别人，**对抗情绪和嫉妒心也会在不知不觉中消失**。与总是说别人坏话的时候相比，心情会轻松很多。

可是表扬他人的习惯就像**肌肉**，不用就会立刻退化。如果"表扬肌肉"退化了，首先需要锻炼。请大家养成表扬的习惯吧。

在背后说人坏话的性价比很低

07

枪打出头鸟。与众不同的人会被指指点点。

从某种程度上来说,这些都是没办法的事。在一个集体中,总会聚集积极性和想法都各不相同的人。请大家接受这一点。

不过有一点可以保证,**只有在听到有人说自己坏话时,依然能够贯彻自己想法的人,才能得到想做的工作。**

我能够理解因为在意身边人的目光而退缩的心情。

但是如果不想被人在背后说坏话,就只能做平平无奇的工作。

这种工作很无聊,也很浪费时间和才能。既然难得身处一个有挑战性的环境,**就要厚着脸皮不在意别人的话。**

背后的诋毁本来就不是为你的未来着想的苦口良药,不过是别人**短暂的娱乐和下酒菜**。这种东西不值得接受,也没有听的必要。

如果因为在意别人说自己坏话而放弃挑战，那么你很可能会后悔。难听的话只要左耳朵进右耳朵出就好，最重要的是要推进眼前的工作。

反过来，说别人的坏话又怎么样呢？只要在集体中工作，就一定会遇到合不来的人。可是当你发现喝酒变成了吐槽大会，公司里有很多讨厌的人时，或许是因为**你自己变得容易看到别人的缺点**。

说坏话远比表扬简单。**人总是很容易发现别人的缺点，和其他人聊起这些内容时，气氛马上就会变得热火朝天，从而产生共鸣，乍一看性价比很高。**

可是讨厌的人变多，工作绝不会变得愉快。只要你想平静地生活，就从不说别人坏话开始吧，因为坏话中同样隐藏着具体的风险。

无论你说多少次不要告诉别人，坏话一定会传到当事人的耳朵里。无论是说某个人的坏话，还是说公司的坏话。你能听到别人在背后说你的坏话，反过来是同样的道理。没有人听到别人说自己坏话时能保持好心情，对方也会讨厌你。

如果被当成总是说人坏话的人，你的名誉也会受损。

身边的人会对你产生戒备心，担心你不知道什么时候会说他的坏话，你会变成评价不好、拖别人后腿的人，甚至会失去信用。

一旦你真心想告发些事情，说服力下降的风险同样很大。

另外，如果平时你就能注意不要说别人的坏话，别人也能认真对待你的倾诉，会认为"他平时几乎不会说别人不好，既然连他都说到这个地步，还是信他比较好"。

这样的做法能给对手带来灾难性的后果。

为了避免变成毫无信用、只会抱怨的人，请大家把"坏话"放在关键时刻再说。

我不会说别人的坏话，因此在关键时刻我总能得到身边人的信任。无论是在集体中生活，还是独立工作，这都**能成为我强大的武器。**

在公司不需要朋友

公司不是交朋友的地方。只是工作的地方。既不多也不少。

如果你在公司的人际关系已经成了你人生的全部，就是一个危险信号。

在公司的人际关系成为你人生的全部后，你就会不知不觉融入公司的规则。哪怕看到不正当或者不合理的行为，你也会因认同公司的价值观而不以为意，哪怕心里不舒服，你也会责备自己，怀疑自己是否与集体背道而驰。一旦这样，你的情绪将无处发泄。

当然，和同事关系好，就能心情愉快地工作。没有人喜欢在气氛紧张的团队中工作。

不过，我认为与同事的关系只需要在工作中加深，不

需要通过喝酒或周末打球的方式来加深。

因为你们之间重要的是同事关系，而不是酒友关系或者一起打球的关系。

大家或许会觉得意外，我几乎不会和有工作关系的艺人、经纪人、同事一起喝酒，我很少邀请晚辈，也很少和领导一起喝酒。**这是因为需要优先考虑的不是把关系处好，而是把工作做好。**

只要你觉得在公司保持工作关系就足够了，那么不想去的酒会就该果断拒绝。

那段时间可以用来学习，为想做的工作做准备，用在正确的努力上。

不过作为替代，有一件重要的事情。那就是**在公司之外拥有不牵扯利害关系的人际关系**。既可以是学生时代的朋友，也可以是兴趣相投的朋友。

你要拥有能交心的人。如果你的朋友少，那么恋人和家人也没问题。总之，我希望大家尽量避免把"公司"这个狭窄的盒子当成自己的一切。

有一个**随时可以依靠**的朋友，是职场人的安全网。上大学时的朋友们就给过我很大的帮助，我从来没跟他们说过工作上的事。

职场只是工作的地方而已。工作做得好，工作伙伴自然会增加。相对而言,我希望能够保护那些在工作忙碌时容易变得疏远的关系,那些只是因为开心,只是因为喜欢才建立起来的人际关系。

成为"不好相处"的人

09

有些人**很受前辈的喜爱**。领导和前辈们总是会关注到他们,邀请他们一起吃饭喝酒。

不过,我认为完全没必要羡慕人缘好的人。

和领导、前辈处好关系当然有好处,应酬也会增加。就是说,这是一笔公平的**"交易"**。他们为了维持人际关系,必须**付出对自己来说最重要的时间**。

所以我的目标**不是做可爱的晚辈,而是做靠得住的年轻人**。

信任比好感重要。只要工作做得好,就不会受到批评。因为和顺的晚辈往往不会拒绝任何邀请,所以会在不知不觉间成为理应存在的人。

这样一来，就像套餐一定会带味噌汤①一样常见。

举例来说，每当我出现在公司的酒会上时，大家都会开心地说："佐久间，你竟然来了！"因为我不是理应存在的人，所以一般我去的时候，大家都会很开心。

成为一个不和顺的年轻人，在工作上也有方便之处。**被随便使唤的次数减少，能够专心做自己的工作。**

而且当我偶尔接受了麻烦的工作时，大家还会对我进行热情的感谢："没想到那个人还不错。"

为了提高自己出场的分量和价值，为了优先保证属于自己的时间，我会和周围的人保持一定距离。这同样是为了专心工作制定的"战略"。

只要老老实实地完成工作，就不需要凭借人际关系争胜。大家放心地做一个"不好相处"的人吧！

---

① 味噌汤是一种传统的日本汤品。——编者注

专栏 采访 搞笑艺人组合 小木矢作

主持人 听说和佐久间先生见面,就像在参加搞笑艺人的评选会一样。

矢作兼 是啊。不过只是佐久间自己说过很多遍,所以我们知道这个说法……

小木博明 我们自己可不记得(笑)。

矢作兼 第一个与佐久间先生合作的节目是《成年人的清汤》,不过那个策划太新颖,直到录制结束,我都不知道效果会怎么样。

小木博明 现场气氛也不热烈,我特别担心,不知道这种节目能不能行。

矢作兼 但是看过节目后发现,原来这么有意思。佐久间先生是第一个让我觉得"这就是制片的力量"的人。

小木博明 嗯,感觉只要交给他就没问题。

矢作兼 因为就算现场录制冷场了,他也能把节目做得很有趣,特别厉害(笑)。以前我一直觉得搞笑是自己的责任,可是那个瞬间,我第一次知道搞笑艺人之外的力量有多强大。

主持人 佐久间先生在工作现场是一个什么样的人?

小木博明 他不会摆架子。

矢作兼 我不知道我们面前的佐久间先生是不是真实的他,不过真的没有听过对他的差评。无论是什么样的人都会有敌人,所以一般人都会有差评。

小木博明 嗯,完全没有听到过关于他的差评。他总能保持积极的状态,看电视的时候也不会觉得他在假装正经。

矢作兼 对对对,特别平易近人。

小木博明 啊,可能是因为他的广播节目反响不错,最近我觉得他开始在说话上有自信了。

矢作兼　没错，最近，他开始频繁地来准备室和我们闲聊了。

主持人　（笑）。小木矢作和佐久间先生之间形成了什么样的关系呢？

小木博明　那个人很喜欢搞笑艺人吧，甚至热情得有些吓人（笑），感受到他的热情让我很开心。他比我更在乎我的事情，会想办法发挥我的长处。

矢作兼　在见到佐久间先生之前，如何发挥小木的优势是我要想的事情，现在我觉得可以把小木交给他了。

小木博明　还有，他在现场特别为我们着想。

矢作兼　对对对，我们在摄影机前会拼命思考下面该怎么设计。在摄影机的对面，佐久间先生会和我们一样努力去思考。

小木博明　他和我们的表情一样。虽然没有并肩而立，不过能感觉到我们是一个团队，是一个集体。

主持人　他会站在演员的立场思考啊。

矢作兼　比如搞笑艺人在现场有了灵感，会超出表演计划和台本，制片人一般会把节奏拉回原来的轨道……

小木博明　但是佐久间先生不会这样，所以我们能放心地发挥。因为如果有需要，他会主动推翻自己写的台本。

矢作兼　只要我们觉得有趣，他就会接受，制片人中很少有这种类型的。

主持人　能感觉到你们对作为制作人的佐久间先生非常信任。

矢作兼　他很认真，明明工作那么忙，接收到的信息量却很大，我甚至会怀疑他什么时候睡觉啊。

小木博明　他还经常去看舞台剧和电影。

矢作兼 还会看电视剧，听音乐，所有流行的东西全部吸收不是吗？他厉害的地方不在于以三十多岁的年龄掌握了四十多岁的知识量，而是在于他一直在更新知识。不是我夸张，他每天都会更新，别看他那个样子，可不是靠感觉。

主持人 顺带一提，听说佐久间先生不太和搞笑艺人一起喝酒，是真的吗？

矢作兼 是啊，一年喝上一两次？基本上，我们周围的搞笑艺人和制作人都会保持一定距离。虽然我们很尊敬他，也很喜欢他，不过不会黏在一起。这就是所谓的东京风格？公寓型人际关系。我不觉得保持距离有什么坏处。

小木博明 对对对，舒适的距离感很重要。

主持人 期待佐久间先生离开东京电视台之后，能继续活跃。

小木博明 他是会出现在镜头前的人，我希望他再稍微注意些仪表。啊，邋里邋遢的样子确实很有天才的气质，不过打扮得时尚一点，看起来更像"鬼才"啊。我觉得他一定能更上一层楼。

矢作兼 应该说是才能吧，他有创意，还有能力完善创意，做出成品。我感觉他以后还能做出爆款节目。

小木矢作

由小木博明和矢作兼于1995年组成的日本搞笑艺人组合。小木博明（1971年8月16日出生，东京人，B型血），矢作兼（1971年9月11日出生，东京人，A型血）。二人均为人力舍制作公司艺人。

机智的职场生活
拒绝内耗，倍速晋升

第 3 章
团队篇

CHAPTER 3

认清自己的角色

请大家想一想《勇者斗恶龙》和《最终幻想》（*Final Fantasy*）之类的角色扮演游戏。

勇者、僧侣、魔法师。每个角色的特点不同，所拥有的技能也不相同。

在现实工作中同样如此。要想在团队中有所作为，必须让成员尽可能客观、正确地看到你的角色和技能。

我认为无法在团队中出力的人并不是能力不足，只是不明白自己是勇者还是僧侣。

这种类型的人无论到了三十多岁还是四十多岁，都只能得到平庸的评价，因为他们并没有积累下经验。

角色扮演游戏的玩家需要获得武器，让身边的人明白自己是"能做到××的人"，就像勇士会拿剑、战士会拿斧头一样。

如果周围的人知道你擅长做什么，就更容易把适合你的工作交给你。

这样一来，你会更容易做出成果，用武器强化自己的长处，于是更容易做出成果，进入良性循环。

可是，不会进行自我分析的人在每个项目中都可能被随意分配工作。结果会陷入困境。

那么该如何发现自己擅长什么呢？你擅长的事情就在"只要努力就能获得好评的事情"中。

"我明明没怎么努力，却得到了那么多夸奖（感谢、惊叹）。"

你的才能就隐藏在这样的地方。

以我为例，我擅长根据优先顺序排序，经常有人对我说我很会安排现场的工作程序。结果，我经常接到需要在短时间内做出判断和安排的《选举特辑》《隅田川烟花大会》等直播节目的工作。

因为我想做搞笑节目，所以接到的工作与自己想做的工作并不一致。不过这些工作能锻炼我做擅长的事情，年轻时，我对自己的创造力没有信心，**这些工作给了我强大的内心支持，让我觉得只要有这份能力，至少能凭它吃饱饭。**

只要认清自己的角色，就能在团队中**得到让自己事半功倍的武器，让自己在团队中找到安心之地。**

稍微尝试一些挑战

02

第3章 团队篇

　　有时候，为了找到自己擅长的事情，必须尝试一些挑战。就算一直重复做现在就能完成的工作，也无法发现**意料之外的能力**。在舒适圈里做事很轻松，还能提升质量和精确度，获得好评，但是无法扩展自己的可能性。

　　而且停留在舒适圈内还存在一种危险，那就是或许你其实擅长用弓箭或者长矛，却从很早开始就一直在磨炼剑术上花费时间。

　　因此还没有发现自己擅长的事情的人，可以多多主动挑战**困难稍大的工作**。还可以尝试接下别人想交给你尝试的工作。

　　原因有两个。

　　可以了解自己擅长什么，不擅长什么。

　　可以在公司里露脸。

尤其是在公司里露脸，会成为你巨大的优势。尝试各种各样的工作，就能接触到各个部门、各个年龄层的人。

只要在工作中稍稍展现出一些"个性"，就能在将来和同样的人一起工作时，让对方记住你就是当时那个人，牢牢抓住在那份工作中建立的人脉。

我也在二十多岁的时候做了一个决定：只要有人找我，什么工作都接。

所以从动物节目的助理导演到直播选举特辑，哪怕不是我想做的工作或者本职工作，只要有人找我，我都会毫不犹豫地接受。

于是我找到了自己擅长的工作，积累了和公司里的人打交道的经验，这些在后来都成了我宝贵的财富。

顺带一提，应对挑战时，你还需要付出相应的努力去学习（调查、询问、动手）。需要努力，也要对结果负责。

通过这样的过程，你才能了解自己**适不适合**那份工作。通过尝试应对挑战，我希望尽可能在 20 岁到 35 岁积累大量经验。

因为如果在成为中坚力量之前还不了解自己拥有什么能力、缺少什么能力、需要锻炼的地方和需要放弃的地方，就只能成为**随时可以被替换的人**。

角色扮演游戏中有只能用到中段的角色，他们**虽然用**

起来方便，但是没有突出的优势。挑战越多，越能提高自己**的辨识度**。请大家通过反复挑战，积累新的强项和新的能力吧。

"你能做到"，全心全意地接受建议

03

有时看到晚辈，我会觉得："**你不了解自己啊，你擅长的是这个方面。**"

年轻时，我们确实很难掌握自己适合什么。这时可以依赖的就是别人的声音。

大人们在这条道路上经验丰富，他们说的"你能做到"，会成为年轻人的指南针。

我上大学时所在的活动小组中，同期有电影导演西川美和女士和大映电视台的社长渡边良介先生。

我当时就很喜欢电影和戏剧（因为投入了太多热情，大学花了5年才毕业），向往进入创作者的世界，但是当我亲眼看到他们的才能远高于我时，我放弃了，我明白自己不属于那个世界。

所以我找工作时主要找销售行业。

不过我想为这段爱好留下一个纪念，接受富士电视台面试时发生了一件事，成了我人生的转折点。面试官问我喜欢什么娱乐内容，我说到了当时势头正猛的乐队和自己喜欢的剧团，结果面试官对我说："你挺适合制作，**因为能用语言表达出自己喜欢的东西的人，会明白它们有趣的原理和关键。**"

因为在活动小组时受到了挫折，我觉得自己不行，所以听到这话时吃了一惊。

但是我很开心，并且相信了面试官的话，报名参加了东京电视台的招聘，顺利取得内定名额。**只是一个人的话（我估计当时那位面试官是富士电视台的龟山前社长，但并不知道事实如何），竟然改变了我的人生。**

在团队中同样如此，如果一直身处这个领域的人鼓励你说"你能做到"，请你听一听他的话。因为那句话背后有丰富的经验作为支撑。

我们或许会条件反射地认**为自己不行，或者自己不合适**，但是在一个领域见过很多人、有丰富经验的人对你说"你能做到"时，请全心全意地接受，那一定会在你消沉时成为你内心的支柱。

不要害怕，尽情展现自己

04

发现自己擅长的地方之后，接下来必须让团队成员记住你。在团队中，不仅要展现长相和姓名，还要展现你能做什么、想做什么，这同样是必不可少的事情。

从默默无闻时就开始大声宣称"我想做这个"也没关系，大家不需要感到不好意思。

当然，公司不是能够立刻让你的愿望实现的地方，但是只要你展现出自己的想法，得到机会的可能性就会大幅提高。

以我们的工作为例，出现制作综艺节目的项目时，和"什么节目都能做的好学生××"相比，"特别想做搞笑节目的佐久间"得到这份工作的概率要高得多。

有时，会出现过了 35 岁才吞吞吐吐地对我说"其实我一直想试试做搞笑节目"的晚辈，要让我说，这都是"你自己不好，之前一直没有主动提出来"。

只要你在一个集体中工作，如果不展现自己的特点，就不会得到你渴望的机会。

别人对你的兴趣比你想象中更小。别人不会认真听你说话，就算听了也会忘记。所以要鼓起勇气，用一切手段，一次又一次告诉别人"我想做××"。

不过，酒桌上的闲谈很快会被忘记，别人也感觉不到你的认真。

因此一定要在工作场所表达想法。

顺带一提，我不仅会把"想做搞笑综艺"挂在嘴边，还会一次又一次地提交策划书。最重要的是"量"和"冲击力"，还要用行动来表达你的愿望。

这样一来，人们会越来越理解"提到佐久间就想到搞笑节目"，最后哪怕我还是一个经验不足的年轻人，也会因为大家觉得"佐久间好像真的很喜欢搞笑节目，让他去参加搞笑节目的评选吧"，从而得到机会。

我在评选中遇到了剧团一人[①]和小木矢作。当时，我做出的节目就是连续播出15年的《神之舌》。

在团队中展现自己，大家或许会觉得胆怯。展现自己不知道能不能做到的事情，确实需要勇气。可是机会不会从天而降，也不会有领导关心你实际上想做什么工作。所以要坚持用语言和行动表达，让大家记住"他就是想做这种工作的人"。

---

① 剧团一人，原名川岛省吾，日本男演员。——编者注

不要期待太高

05

我能参加梦寐以求的项目!

有的人对加入的团队感情越深,对参与的项目期待越高,心态越容易崩溃。 他们承受着梦想的沉重压力。

为了不被梦想击溃,重要的是"**分解**"。分解自己的梦想,置换成具体的目标。

我能从这份工作中学到交涉的技巧,我想和行业中的其他公司建立合作,我想和那位名人一起工作。

将梦想置换为脚踏实地的目标,可以避免产生烦恼。

梦想为什么会将人击溃呢? 因为期待太高。对工作的期待自不必说,或许你对自己同样会有过高的期待。

"我应该能完成一份了不起的工作!"

"我能做出有创造性的工作!"

"我一定能大展身手!"

"我有自信想出好点子!"

可是，只要不是才华横溢、鸿运当头的人，期待不可能从一开始就得到实现。如果一开始接到的是与"梦想中的工作"相去甚远的朴素工作，而且你发现自己连这样的工作都没办法做好，**就会对自己的能力感到失望。**

明明做着自己这么憧憬的工作，却不觉得有趣，甚至无法克服困难，于是开始讨厌任何工作。

可是，只有脚踏实地、设定具体目标的人，才能跑完长跑，才能做出正确的努力。

在我们这个行业，冷静地将自己的工作看成**一份普普通通的工作**，只是抱着"这份工作看起来比其他工作轻松一些而已"的简单动机加入的人，往往比拥有大梦想的人更有韧性，结果做得更加有声有色。因为他们能分清自己能做到的事情、做不到的事情，平静地完成自己的工作。

如果去公司不是为了工作，而是为了实现梦想，有时会因为现实与梦想之间的差距而感到痛苦。

因为电视圈有很多带着梦想的人，所以眼泛泪光地和我握手，说着"能和佐久间先生一起做综艺是我的梦想，我很开心"的人其实很危险。

梦想会以各种各样的形式背叛你。

冷静地看清现实，平静地工作。这同样会成为实现梦想的一步。

与"焦急的实力派"合作

06

在我成为中坚力量后,我也会负责**建立团队**。这时,该如何选择团队成员呢?我基本上**会和能做到我做不到的事情的人合作**。

与其努力攻克自己不擅长的事情,好不容易拿到 60 分,不如和能够轻松拿到 100 分的人合作,这样才能走得更远,并且速度绝对更快。

比如我就缺乏视觉审美,无论多努力都只能做到马马虎虎。于是在我的主导下,从节目的美术到字幕都会统一氛围,带着《神之舌》的气质。

所以尽管在某个时期之前我会坚持自己做,但在某个时间点,我还是放弃了提高这项技能,决定请来审美能力优秀的工作人员,把工作交给他们。从那时开始,我负责的节目明显变得更加时髦了,**我的工作进入了新的阶段**。

而且我们的工作需要和**"表演者"**合作。这种情况下要怎么做呢？

小木矢作和**剧团一人**现在已经深受大众喜爱。在深夜节目《神之舌》中，他们还没有走红，但我让他们担任常驻嘉宾，相信他们这个组合能红。

什么样的人能红？

应该和什么样的人合作？

最近，越来越多的人希望我告诉他们怎样辨别能红的人、有才华的人，机会难得，我试着想了想。

我要说的话多少有些主观，如果用一句话来解释，答案就是："脸上写着'我的能力才不只这样'的人。"

这不是骄傲自大，他们都是态度谦虚，性格很好的人。可是，这些人内心深处传达出一份焦急，仿佛在说"只是因为你们这些人不了解我的有趣之处"。

他们明明什么都没有说，却散发出追求进取的精神。香蕉人[①]和笨蛋主义[②]正是这种类型的人。他们看不起世人，这里是褒义的形容，让我觉得这些人应该更厉害才对。

他们觉得自己的能力和现在所处的地位不匹配，于是感到焦躁。不满像充满气球的气体，偶尔会漏出一些。他

---

① 香蕉人：日本搞笑组合，成员有设乐统和日村勇纪。——译者注
② 笨蛋主义：日本的单人搞笑艺人，本名升野英知。——译者注

们知道自己想去哪里，也具备到达的能力。可是却尚未被社会认可，并且对此感到郁闷。

看到这样的人，我会让他们进入我的团队，首先作为击球员出场。这就是我的行事方式。和这样的人组队，真的会心情舒畅地爆发出能量。

当然，才华不是发掘出来就结束了。发掘出来后，整个团队需要思考要为他们提供什么样的机会，才能让他们散发出更大的光芒，该怎么样激发出他们更有趣的一面。

如果是电视节目或者油管（YouTube）平台的节目，需要在剪辑时展现出表演者的才华和有趣之处，然后播放出去，于是表演者本人和周围的人都能理解怎样才能收获观众的笑声。

明白了这些，艺人在其他电视台出演的机会同样能够增加。于是就创造出了"走红的趋势"。

我认为团队就是这样互相帮助，在成长的过程中加深羁绊的。

靠价值观不同的
成员上保险

建立团队还有一个诀窍。**那就是在建立项目的概念和策划内核时，与感觉接近的人合作，在执行阶段让与自己完全相反的人加入。**

认为一个项目很好的人，几乎都是感觉接近的人。所以在策划阶段，让感觉接近的人一起打磨，就不会有人在奇怪的地方踩刹车，项目的爆发力会明显不同。

可是**在执行阶段，加入价值观不同的工作人员绝对更好**。尤其是那些能够弥补自身短处的成员显得更加珍贵。

我认为"有趣"应该放在最优先的位置，所以有时会引发**权利问题**。

这种时候，如果有一个有常识，甚至过分小心的工作人员在，就能事先制止我。如果只聚集感觉相同的人，就会过于莽撞，在项目落地时容易引发事故。

可是价值观不同的工作人员无论如何都会出现摩擦。有人踩刹车有时会让人生气。然而这种行为作为风险管理绝对没错，而且能让我们再次深入思考对一个项目来说最好的做法。

因此，为了安全地做出好作品，我们不仅要关注团队成员的能力，还要关注成员的价值观和性格。

08 有时需要得"自己来做会更好的病"

工作不是一个团队就能完成的。

以电视台为例，制作团队、宣传团队、负责权利关系的团队，需要各种各样的团队在各自工作岗位合作。

当部门增加时，我认为只想着**让专业的人做专业的事**，对其他工作甩手不管是不好的。

至少面向大众的部分，我希望能够全部由自己控制质量。**因为对一个项目来说，我作为制作人了解最多的知识和信息。**

如果不亲眼确认从上游到下游的所有工作，项目本身的价值会在意想不到的地方受损。所以哪怕被人当成**麻烦的家伙**，我也想亲自参与。

一般情况下，制作人不会出席节目宣传和促销的会议。**但是我现在依然会出席几乎所有会议，我想参与和节目有关的所有输出内容。**

"我想全力挥棒，想命中目标。"这一点从年轻时开始从来没有改变，就连节目 DVD 的制作，从收录内容到标题，我都不会交给其他部门，而是全部自己来想。

从有趣之处和粉丝的心情到节目逻辑，我认为只有让了解所有细节的人来做，才能拿出直指核心的内容。

比如只有制作人才知道"虽然收视率低，但社交媒体的反响很好的集数"。可是如果那一集没有收录在 DVD 中，粉丝就会失望。只有节目真正的粉丝会买 DVD，而这部分粉丝的喜好不会反映在收视率中。作为制作人，我绝对不想让他们失望。

关注所有环节的话，工作量就会增加，但是我想做出好作品，想让粉丝开心，想服务大家，于是会做不属于自己团队的工作。

只是外人参加其他部门的会议还指指点点的话，总会有人不高兴。有人会对我敬而远之，会觉得我不好对付，不希望我插手他们的工作。有其他部门的人来指手画脚，很可能会打击负责团队的积极性。

所以，在进会议室之前要**给对方面子**，说一句"请让我来观摩一下""我想作为做节目的参考""请让我来学习一下"。我并不是**让大家都这样做**，不过我认为不断坚持自己的东西，可以让团队的成果打上你的品牌标记。

做好风险管理

身处团队之中,有时会遇到**不合理**的事情。如果你意识到会发生这一类情况,有时需要在内心和自己的口碑受伤前**自保**。

经常出现的不合理情况是**"被卷入没有亮点的项目,失败后被迫承担责任"**。为了避免这种情况,只能在情况有变之前应对。

能做的事情有很多种,只要被卷入欠考虑的项目,就有一项共通的、应该做的事情,那就是**明确责任归属**。

明确工作是根据谁的哪一个决定执行的,并且让身边的人都知道。既然自己不是项目的发起人,那么只要明确这一点,就能保护自己。

我曾经被迫接手一个效果不如意的节目,最终不得不惨淡收场。当时只留下了"佐久间的节目结束了"这个事实，没有人在乎是谁策划了这个项目，为什么会变成这样。

在不断积累经验的过程中，我加固了自己的保护层，明白**"如果不明确责任归属，我就会被击溃"**。只要还在工作，就会遇到数不清的不合理事情。

大家或许应该记住，团队里融合了各种各样的想法和内情，风险管理有时必不可少。

专栏　采访　节目编剧河野良

主持人：请说说你和佐久间先生合作的第一份工作，和对他的第一印象。

河野良：在《成年人的清汤》里，他是新人导演，我是有一定经验的节目编剧。一开始，我看他长得又高又帅，性格沉稳，心里怀疑这样的人能做出有趣的节目吗？（笑）当时搞笑节目正火，特别多年轻的工作人员希望做出与众不同的搞笑节目。我以为他也是其中的一员，第一次录制跟我想象的一样无聊，没想到播出的节目特别有趣。我当时就惊叹他的制作能力不容小觑。我还记得小木矢作里的矢作也马上打来电话说："佐久间先生真厉害，别让他跑了。"

主持人：从那之后，你对他的信任就一下子增加，组成了优秀的团队吧。

河野良：是啊。到了《神之舌》，我们的团队也逐渐成形。如果没有答题环节和情报环节的搞笑节目，一般会事先告诉演出人员策划内容及询问对方的意见。可是《神之舌》节目组在大多情况下直到录制当天都不会告诉演出人员节目的内容。我想只有对整个团队足够信任才有可能实现吧。

主持人：你们是互相信任，能够彼此托付的团队吧。

河野良：后来这个节目成了试验场。可以尝试不拘泥于常规形式的搞笑内容，就算失败，也没有人会怪任何人。就算我们这些编剧的作品一般，就算现场的表演者太胡闹，就算佐久间先生出现了判断失误，也完全不会有人抱怨。因为彼此信任，大家才能一起做些鲁莽的事情，一心想做有趣的事。佐久间先生作为领导，从来没有对工作人员发过火，工作氛围真的非常好。正因为大家团结一致，才能让这个奇怪的节目坚持播出 10 年以上。

主持人：为什么《神之舌》团队会想出这么独特的策划创意呢？

河野良：电视节目组成员在开会时，话题核心往往是如何提高收视率，一般会从分析收视率、思考对策开始。可是佐久间先生的会议上完全不会提到收视率，在开始的 1 个小时左右，他会不停地说自己最近看到的有趣的东西，喜欢的人（笑）。然后话题会延伸到"这个内容可以这样展开"，所以我们制作节目的方法和一般团队完全不同。小时候不是有那种亚文化少年，会特别骄傲地宣称"我找到了特别有趣的电影或者漫画"什么的吗？我感觉就是那样的少年长大成人，想出了那些策划创意。

主持人：听说佐久间先生不常和表演者、领导喝酒……

河野良：是吗？我以前每天都会和他出去喝酒。还有过早晨在食其家只喝一杯啤酒就回家的时候（笑）。喝酒时的话题和开会时几乎没有区别，一直在说他最近发现的有趣的事。店好像也是佐久间先生选的，不是所谓的高级饭店，他喜欢"刚刚好的店"。长大后，在这种好店会更容易放松吧——安静，而且确实好吃。不过佐久间先生在这方面也特别有活力，会寻找好吃又便宜的店，找到好地方之后就会联系我。我觉他打从心底喜欢把自己的发现告诉别人，是永远的"亚文化少年"。

主持人：你们有 20 年的交情，在您看来，佐久间先生最厉害的地方是哪里呢？

河野良：他不会一味遵循现有的规则，而是会创造新规则。他不会被"拿到高收视率"的规则束缚，而是会作为一个娱乐从业者，挑战有趣的事情。不仅是电视，在油管网、奈飞（Netflix）和广播节目里，他创作的作品，或者他周围发生的事情看起来都很有趣吧！那都是他一个人完成的，很了不起。以后，他一定会有更大的成长。或许不再是《神之舌》节目组领导的佐久间，不过我觉得那样也不错。

河野良

1973年出生，群马县人。编剧、节目编剧。从初期到现在一直为香蕉人、东京03的专场演出进行创作。主要负责的节目有《神之舌》《香蕉三明治》《香蕉人的香蕉月亮GOLD》等。近年来，除了创作周日剧场《龙樱2》的剧本以外，还作为乃木坂46[①]的cupstar[②]广告剧本监督，从事各种不同的工作。

---

① 日本女子偶像组合，成立于2011年。——编者注
② 日本的泡面品牌。——编者注

机智的职场生活
拒绝内耗，倍速晋升

第 4 章
管理篇

CHAPTER 4

领导要比所有人工作更认真

走进书店，会看到一排排讲述如何培养下属和晚辈的书。当然，它们各自都有一定的说服力，或许也能派上用场。

只是我从与很多晚辈和工作人员共事的经验中发现，如果只论**提高大家积极性的方法**，可以总结成一句话。

领导要比所有人工作得更认真，更愉快。这是培养下属和晚辈的最好方法。

只要领导性格开朗、平易近人，不厚此薄彼，团队的氛围自然会变好。另外，**在双眼无神的领导**手下工作，情绪会受到影响变得低落，**在脾气暴躁的领导**手下则会变得畏畏缩缩。

我的团队有一段时期成了"疗养所"，很多想辞职的人都被送到了我这里。

只要让他们看到愉快的工作现场，就算是灰心丧气的人也能继续努力。领导的态度可以改变很多事情。

只要领导比任何人都工作得认真，团队的水平自然会提高。比如在开会的时候，如果领导认真准备，提出了好几个创意，团队成员就会明白开会需要准备到这种程度。

说教式的"要这样做，要那样做"说起来容易，却容易遭到反抗，可是如果领导比所有人工作都认真，团队就会神奇地自发努力。

团队是领导本人的镜子，领导应该首先想一想自己要展示出什么样的态度。

正因为是自己人，
才需要关心

02

第 4 章　管理篇

他最近好冷淡，感觉都不重视我了。

不管我做什么，他都不会对我说一声"谢谢"。

感觉就算没有我也没关系……

虽然**听起来像恋爱咨询**，但是这些烦恼并不是只存在于恋爱关系中。同样有不少团队成员对领导抱有类似的不满。觉得自己不被重视的成员，工作质量会大幅下降。

所以让团队成员**感受到自己被重视，同样是领导重视的员工**。无论多忙，就算顾不上关心，也绝对不能让他们觉得受到了忽视。

要想让别人感觉到自己受到重视，重要的是告诉他们"有你在真好"。这些话不能只是在心里想想，要认真说出口才有意义。

如果疏忽了这一点，成员们就会自顾自地以为你觉得有没有他都无所谓。接收到这样的信息后，任何人都会失去干劲，**因为人只有在感受到自己具有存在价值的时候才有力量。**

在这种情况下，**反馈**很有效。一名成员的工作对团队有多大的贡献？什么成果是正因为有他在，才能产生的？

比如用语言慰劳，说一句"多亏有你做了××"，团队成员才会感到自豪，觉得"我能派上用场真是太好了""正因为我在团队里，才能取得这样的结果"。

"你帮了大忙""不愧是你""真是漂亮的战术"。哪怕只是一两句话也没问题。作为领导，发现团队成员的优点非常重要。

只关注团队成员们不擅长的事情，不如周围人的技巧能力，他们也不会成长，反而会被击溃。相反，如果能对他们说出"你在这个部分比我优秀得多，所以要拜托你了"之类的话，他们一定能付出 100 倍的努力。

团队的成就与积极的反馈密切相关。

说句题外话，我得到的第一个表扬来自小木矢作。尽管已经过去了超过 15 年，他们的表扬依然让我印象深刻，让我特别开心，并且给了我自信。**人们一定会记住自己受到的表扬**，我希望领导都能记住这一点。

在开会时利用团队成员的自尊心

03

"不管我现在说什么,结果都不会改变。""就算提出意见,也一定不会被接纳。"

当与会成员们产生这样的想法时,这个会议就失败了。大家会闭上嘴巴,认为不管说什么,都只会延长会议时间而已。所以领导必须营造出**"只要发言就会被采用"**的氛围。

这里的采用不是指原封不动地正式采用成员们提出的创意和意见。

无论什么样的创意,最开始都是不成熟的。所以要将第一个创意作为切入点,把它当成**点燃大家讨论热情的木柴**。讨论会因为新加入的木柴变得更加热烈。

如果会议能开成这样,大家就会一下子提起干劲,想到有趣的创意。

以商品命名会议为例,假设一名成员提出了一个创意。

就算他的意见没有戳中痛点，**如果领导冷淡地说"一般般"，那么他之后就很难再次提出自己的意见。**

他的自尊心受伤，会感到无力。因此领导需要做的是将他的创意作为**引子**，引出下一个创意。

"这是很好的切入点，我觉得其他人还能提出类似的想法。大家怎么想？"

领导可以用这样的说法将问题抛给周围的人。只需要说一句话，就能让会议活跃起来，讨论的深度也会完全不同。在下一次开会时，大家应该都能带来自己的创意吧。

只要100分的创意，相当于要求团队成员把线穿入针孔。大家都会退缩，没办法自由地发散思维。

如果能让团队成员们相信就算自己的意见没有被采纳，但是可以激发出整个团队的创意，为会议做出贡献，大家就会积极提出意见，会真正享受会议。

如果你觉得团队成员拿不出新创意，很可能是你作为领导的主持和建导[①]出现了问题。你可能在不知不觉中打消了团队成员的积极性。

只要营造出好的氛围，绝对能诞生出比一个人思考时更好的创意。这就是团队。

[①] 建导：通过创造他人积极参与、形成活跃氛围，从而达到预期成果的过程。——译者注

批评方法有诀窍

提醒、批评团队成员时有两大原则。**一是不喝酒;二是单独谈话。**

首先,喝酒时绝对不要说教。

我在前面已经提到过,酒局上只要一味夸奖就好。喝了酒之后,人们就很难控制好情绪和语言。

提醒别人需要冷静,用的不是情绪而是逻辑。一定要在白天,在公司里把提醒和批评当成工作。

单独谈话同样重要。

指点或者批评他人时,不可以当着大家的面,无论是团队成员还是外面的员工都一样。谈话时要注意保护对方的立场和自尊,**哪怕明显是对方的错,也要为对方准备好台阶。**

发邮件时也不要抄送(同时发送),而是要单独联系。

当然，如果说了很多次后，对方依然不遵守约定，就需要在全体团队成员面前沟通，但这只是第二阶段，不到万不得已，还是要在封闭场合沟通。

另外，**感谢或者表扬成员的邮件要抄送给所有相关人员**。这样会让得到感谢和表扬的人开心，而且其他成员看到有人受到了表扬，也会更加积极。

只是运用简单的抄送技巧，就能让团队的氛围变得更好。

白费力气时，要想一想是不是自己"说明不够""负担过重"

当只有自己干劲满满而身边的人反应冷淡时，当自己的干劲落空时，领导会产生**不安**和**徒劳**的感觉，有时会责备团队成员。

这种情况下，首先要检查团队成员是不是没有理解。也就是说，团队成员有可能并不是认为项目无聊，**而是根本没有理解项目的意义和意思**。

为什么要做这项工作？目标是什么？哪里有趣？成功的话会怎么样？

如果不能充分理解这些问题，人是没办法踩下油门加油工作的。

无论领导怎样激励，不明所以的人都会认为那是领导想做的工作，而不是团队的工作，团队成员会认为这样的工作没有努力的价值，性价比太低。

当领导的目标无法成为团队的目标让所有人共享时，几乎都会白费力气。

这种情况下，请再一次充分向大家解释清楚为什么要做这些工作，你想前往什么方向。

白费力气时，还应该验证一件事。那就是**团队成员有可能负担过重**。

举例来说，本来就要做日常工作，领导还突然安排了新工作，团队成员的工作热情就会降低，觉得不可能完成。

如果领导在这时要求大家鼓足干劲，反而会让人心涣散。

如果责备团队成员没有干劲，只会花最低限度的力气做些表面功夫的话，团队气氛就会更加糟糕，于是陷入恶性循环。

在做一个你真心希望取得成功的项目时，为了能高质量地完成工作，**平衡团队成员的负担**同样是领导的任务。为了装载新的货物，必须减轻现有的货物。

我会绞尽脑汁为现场导演和助理导演排班。在制作《神之舌》的重头策划，录制"搞笑艺人歌唱大赛"前后，我会尽量安排轻松的策划，分散助理导演的负担，因为细微的调整就能影响大家的积极性。

无论对一份工作的感情多么深，你都不可能自己独立完成。所以作为领导，要用语言和态度表现出带领大家向同一个方向前进的决心。

面对惹是生非的人要先发制人

06

如果团队里有一个经常惹是生非（比如发火、偷懒、自以为是和迅速搞砸气氛等）的"**团队粉碎机**"，就需要事先**压制**住他，才能提高团队的效率。

领导需要做的是先发制人，在团队中营造出不正确的行为"很没品"的氛围。

团队粉碎机大多自视甚高，很爱面子，比起讲道理，**控制这种人的关键在于告诉他"这样做很没品"**。

以我自己为例，每次进入一个新的工作环境，我都会反复强调"爱发火的人气量小，相当于工作能力差"。这样做是为了**先发制人，用语言压制**想要通过发火控制身边人的人。

还有另一种压制方式。那就是**捏造一个讨厌的家伙的故事**。

"我的上一份工作里有一个爱发火的人,那人真的很没品,可麻烦了。"

"那个电视台里有个做事不讲理的导演,没有人尊敬他。"

捏造一个架空的坏人和故事,用一句**"我们的团队里没有这样的人吧"**,**事先施加压力**。这样一来大家就会注意不要重蹈覆辙,现场会出乎意料的平静。

这种方法还可以应用在想要避免冲突的时候。

当团队里即将发生冲突时,说一句"我以前在工作中出现过这样的冲突,希望在我们的团队中注意",大家就会**有意识地避免类似的冲突**,因为没有人愿意被别人指责。

为了和团队成员共同创造出一份成功的作品,融洽、充满生机的氛围必不可少,可是**只要有一个惹是生非的人,现场的氛围就会变差**。

为了压制住这样的人,就算制造一些善意的谎言也无关紧要。而且好在这些话不是真的在说别人的坏话,所以不会伤害到任何人。

07 不要责备别人，要解决制度问题

当出现麻烦时，大家会想要马上**锁定犯错的人**。想尽早**明确责任对象**，往深一步想，就是**想宣称不是自己的责任**。

如果锁定了犯错的人，大家就会松一口气。

可是在把问题归结为个人的错误，翻过眼前的问题时，团队里还会再次发生同样的问题，因为任何时候都会有人犯错。

领导的重要工作**不是明确犯错的人是谁，而是找出引发问题的"制度"，并且解决制度问题**。所有问题都要从团队整体的角度进行思考。

比如明显是 A 的失误造成了致命的问题。以我们的工作举例，就是"拍摄现场没能包场""没有得到拍摄许可"等。这种情况下，整个团队都会笼罩在紧张的气氛中。

但是仅仅责备 A 是完全没有意义的。**个人的失误背后一定隐藏着制度问题**。比如给一个人的负担太重，重要的判断过分依靠个人，双重复核没有起效，等等。

如果不解决制度问题，就算 A 有所成长，在事情过去后，也会有其他人再次犯下同样的错误。

在个人能力上找原因，就会依靠 A 提升能力来解决问题，团队成员也只会指责他人。

可是如果将这个问题看作工作分配的问题或者复核制度的问题，就能让团队成员共同思考解决方法。

不需要等待个人成长，也有很多能在短时期解决的问题。对于一味责备犯错的人的团队成员，**领导绝对不能放任不管**。

在制度不完善、沟通不畅的团队中，团队成员无法充分发挥能力，**无法期待优秀的输出成果**。

不要通过责备他人的方式让自己心情舒畅，而是要追究团队的制度问题。重要的是**团队通过改正一个个缺陷，建立优秀的制度**，一步步前进。

08 不要接过下属的工作

如果有接过我工作的领导,我会很轻松。

我想员工在交出 70 分的结果后,如果领导说一句"剩下的交给我",员工就会感到安心,能干脆地放手,或许会**打从心底感到幸运**。

但是**我在这样的领导手下工作,没办法成长**。因为会在不知不觉中偷懒。最后再提高 5 分、10 分后,就会干脆提交工作。**因为领导会轻而易举地帮我们提高 30 分**。

我们应该自己动脑,自己动手完成工作,明白自己的工作最终要由自己负责。如果没有这份觉悟,就没办法积累经验,没办法提升个人技能。

所以领导如果为下属着想,就不能轻易结束员工的工作。就算麻烦,也要给出反馈后让员工自己修改。然后让员工再次提交,由领导检查。如果依然没有达到要求,就再次给出反馈让员工修改。

反馈时除了给出驳回的原因,也要给出建议,告诉员工怎样做才能更好。因为只说一句不行,员工会不知道努力的方向,所以应该**给出正确的方向,剩下的细节交给员工个人完成**。

不过这样会让工作变得相当麻烦费时。可是在一次次重复的过程中,领导就能发现员工的成长。

这是让领导高兴的事情,而且员工(应该)总有一天会明白**"虽然麻烦,但是那种做法让我得到了成长,真是太好了"**。如果不让员工养成被分配的工作要做到最后的习惯,就会培养出**"敲一下、走一步"的机器**。

顺带一提,这是"存在信赖关系的斯巴达式管理",绝对不要忘记,领导的能力同样一直在接受考验。

专栏　采访　东京电视台制作人　伊藤隆行先生

主持人：您一开始是指导佐久间先生的前辈，佐久间先生从新人时期就很突出吗？

伊藤隆行：他当时是个非常普通的新人。佐久间是在进公司3年时，做出《眼泪汪汪》的时候脱颖而出的。我觉得他是个有趣的家伙，想出了奇怪的项目。同时期，我也开始制作一个奇怪的项目《人妻温泉》，结果让他的《眼泪汪汪》抢先了一步（笑）。这两个项目让我产生了"我们让东京电视台的深夜档变得有趣了"的感觉，不过我不知道佐久间怎么想。

主持人：您作为佐久间先生的领导，是如何管理他的呢？

伊藤隆行：我啊……没有管理！（笑）他想做的事情很明确，反过来说，以他的性格，不想做的事情绝不会做。他会坦率地表现出自己认为的有趣，是好的意义上的任性和顽固。不过作为导演，这样的性格完全没问题，所以我作为领导完全放手，让他做自己喜欢的事情。不过当公司里出现反对佐久间的策划的声音时，我会在他不知道的情况下挡在他面前，保护他的创意，我做的真的只有这些。

主持人：您会保护他，成为他的盾牌啊。

伊藤隆行：我曾经和另一个搞笑节目的制作人说过："佐久间是综艺怪物，所以我们只要把他当成猛兽来用就好。"举例来说，佐久间制作的节目在粉丝和表演者中热度很高，但收视率不见得高，所以其实有好几次都差点被腰斩，这是我们这些"盾牌"和做出销量的DVD制作者们帮他解决的问题。总之，我希望他对身边的人多些感激之情（笑）。

主持人：他作为管理者，为什么能够不重视收视率这个评价标准呢？

伊藤隆行：因为他只会做自己认为有趣的事情。虽然不会被很多人接受，不过他做事很讲究，所以很有趣。让他做不擅长的、老少皆宜的黄金档节目其实是不对的啊。

主持人：佐久间先生自己会建立什么样的团队呢？

伊藤隆行：这是我第一次说，他的团队让我再一次觉得他很了不起。《神之舌》第一季的庆功宴上，小木矢作、剧团一人和其他导演团队纷纷表示出对佐久间的信任。上一个节目《成年人的清汤》是同一个团队制作的，和制作《神之舌》的时候相比，团队的关系更加紧密了。这一点让我很佩服，东京电视台本来并没有制作搞笑节目的土壤，佐久间作为录制现场的最高领导，做了自己想做的事情，与包括演出嘉宾在内的所有团队成员一起做节目，并且得到了大家的信任，真的很了不起。

主持人：具体来说，佐久间先生的领导风格是什么样子的呢？

伊藤隆行：他看起来在坚持建立小团队，绝对不增加人数。节目散发出的气质不取决于团队人数，而是个人风格，个人风格会让镜头带有温度。佐久间给我的印象是他明白这一点，于是选择能够弥补自身不足的少数工作人员，建立了牢固的关系，让大家共同成长。

主持人：佐久间先生和公司的晚辈之间建立了什么样的关系呢？

伊藤隆行：他很重视晚辈，也经常对我说"我是听晚辈说的"之类的话。不仅是工作，他们好像还建立起了能够讨论私人问题的关系，他应该是个好前辈吧。

主持人：我能从您身上感受到对员工佐久间深厚的爱和尊敬。

伊藤隆行：啊呀，他真的很狡黠，天才式的狡黠。他不会和任何人起争执，绝对不战斗，可是他身边的人却会为了他的创意而生气、道歉（笑）。他只会向着自己想做的事情前进，无视纷扰的能力相当强，大概是一种纯粹吧，就是那种不会看气氛的性格，才能创造出独特的"有趣"吧。

伊藤隆行

1972年出生，东京人，毕业于早稻田大学政治经济学院。东京电视台制作人，从策划部调到制作部，以综艺为中心，制作了多部节目，如《纠结的夏天2》《抽空池水大作战》《夸张的都市传说》等。图书作品有《伊藤混乱的工作方法》。

机智的职场生活

拒绝内耗,倍速晋升

第 5 章
策划
方法篇

CHAPTER 5

认真对待策划书

任何项目最开始都要有"策划书"。薄薄几张纸,是由大量相关人员的创意组成的。我想有不少人被领导催促交策划书,为了拿出策划书绞尽脑汁吧。

可是策划书重要的不是提交,而是通过。

为了通过,策划书必须新颖有趣,只表达出一句"我想做这个",领导是不会理睬的。

你有很多竞争对手,比如有品位的同事、经验丰富的前辈等。那么你该怎么做呢?

首先要意识到策划书是谁在读。

在电视台里,基本上由策划部决定是否制作一档节目。所以我们首先要写出面向策划部的策划书,需要思考对方想要什么。

对策划部来说,最重要的是"收视率"(不同时间段有所不同）。

既然如此，就必须在策划书中解释你的节目为什么能获得高收视率。这时需要的是说服力，为什么是现在。

要利用舆论环境、市场倾向、社交媒体上的声音，用理论、数据、逻辑支持你的论点，说明为什么现在这档节目能获得高收视率。

因为我们需要用公司的钱做自己想做的项目，所以要有意识地在策划书里加入"对公司的好处"。其中包括"直接收益""提升品牌形象"等各种类型的好处，只要最后让公司觉得有做的价值，就能成为让策划书通过的最后一股力量。

也就是说，比起自己想说的话，优先写出策划书的读者（领导和公司）想知道的事情，就是大幅提高通过率的重点。这些内容有没有写在第一页，给别人留下的印象和通过率会完全不同。

我在策划书完全无法通过，全都石沉大海的时期，看遍了公司里的所有策划书。当时我第一次发现，能够通过的策划书不仅内容本身优秀，"写法"同样优秀。

自从发现了这一点并采取实践后，我的策划书通过率大幅提升，并且松了一口气，明白了策划书没有通过不仅仅是我自身才华的问题。

虽然我现在能顺畅地写出策划书，但年轻时就连一页策划书都要一次次反复修改，简直就像一生只写一封的情书。所以请让我再说一遍。

策划书能不能通过不仅要看才华。

就算是平平无奇的项目，只要逻辑通顺、合情合理，也有机会通过。

另一方面，特别突出、特别有趣的项目，如果只有想法没有支撑的话，第一步就没办法通过。

如果你想让自己的策划书通过，就要收集能说服公司核心人物的材料，理顺逻辑，让自己认为的"有趣之处"具备说服力。只有能做到这些的人才能让自己的想法成真。

佐久间流构思法① "反转法"

02

从正面总结天经地义的事情,是无法做出有趣的策划的。无论是什么样的项目,如果没有崭新的视角和惊人之处,就无法让别人感受到魅力。

想到别出心裁、**具有个性的项目的构思方法之一是"反转法"**。

第一层反转是**"情绪反转"**。

虽然受到大家的喜爱,但是我不觉得有趣,不会也不喜欢赶这股势头。这种别扭的感觉和情绪能够催生出创意。

比如我不喜欢娱乐资讯评论类节目,偶尔看到时甚至会感到愤怒。

"为什么那些人明明不是专家,却能高高在上地说些他们自己都不确定的事情?"

如果我产生了这样的感觉,就会**将负面情绪记录下来**。

然后在写策划书时，将让我产生负面情绪的点进行反转。比如做一个专家明明在说准确的信息，但倾听的人太单纯，所以只会放声大笑的节目。

我通过反转法做出的节目就是《苏格拉底的叹息》。

在项目落地阶段，我考虑到为了让观众笑出来，重点是倾听者的独特性以及与专家之间的反差，于是邀请了综艺效果比较好的艺人泷泽可玲。

第二层反转是"对天经地义的反转"。

这种方法通过推翻现在被大家当成天经地义的事情和常识，做出新的创意。

普通的谈话节目会在录制前让演出嘉宾填写调查表，根据调查表创作台本，推进节目进程。

但是到了 2015 年之后，"**大众媒体**"这个词开始普及，人们开始讨厌电视，很多节目都是被迫营业。

我产生了一种感觉，按照台本说对自己有利的话，以及胜负已定的比赛果然不受欢迎，于是想出了《**这里那里奥黛丽**》这个项目。

演出嘉宾在录制前不填调查表，通过**没有台本的谈话**，将自己的真心话和真实情感传达给观众，这是一种新形式的谈话综艺。

这样一来，观众应该能接受，能信任。从危机感中诞生的"反转",再加上搞笑组合奥黛丽的成员若林绝妙的引导能力,让《这里那里奥黛丽》成了粉丝众多的节目。

  而现在,用这种方法制作出来的节目似乎成了主流。**"新颖"的诞生需要一些古怪的性格和视角**。有时或许可以尝试反转自己平时的样子,变得古怪一些。

佐久间流构思法②
"组合法"

创作时，没有任何条件，什么都可以的要求最难。预算充足、时间充裕、主题自由，只要做你想做的节目就好，这样的要求会让很多创作者陷入迷茫。

所以创作时至少要设立条件，收紧自己的思维。创意会在有压力的地方冲出来。

设立条件后，可以使用"组合法"进行构思。

以电视节目策划为例，在左侧写出不能改变的条件，比如主题和演员。然后在右侧依次写出所有题材（体育、综艺、旅行、格斗、新闻等）。再将右侧和左侧进行组合，在已经出现过的组合上画×。

没有画×的组合就是没有出现过的"设定"，组合法就是从这样的设定出发扩展新项目的方法。

当然，只是组合并不会诞生出有趣的策划。在此基础上增加令人兴奋和心动的元素，是创作者的工作。

我用这种方法想出的节目是《有吉弘行虽然"毒舌"……但是新闻开始了》。

我用"有吉弘行"ד××"列出了所有电视节目题材，发现只空下了"新闻"。于是便将节目设定成了"有吉弘行×新闻"。

可是让有吉先生出现在新闻节目既不出彩也不有趣。那么让有吉先生吐槽"大家看不懂新闻，是那帮拙劣的专家不会解释"怎么样？既能体现出有吉先生的风格，也能做出有趣的节目。

我就是带着这样的想法做出了节目。

通过组合施加限制，逼自己想出创意，深入挖掘。这样就能发现并且扩展自己从没有想过的崭新创意。

在策划中混入"只属于自己的原液"

策划所必需的不是市场,而是自己的感觉。你相信有趣的东西多半一定是有趣的。只要能够想到让自己兴奋的创意,就相当于成功。我会支持大家勇往直前。

然而困难的是如何表达你自己的想法。

你打从心底相信,会让你兴奋不已的高强度"有趣",用鸡尾酒做比喻,就是金酒①和伏特加,是打底的"原液"。

原液有趣是前提,这点毋庸置疑。可是如果调酒的方式错误,就有可能让酒变得难喝,也有可能受到专业人士的喜爱。

如果目标是挑出符合大众口味的味道,应该兑多少水,加什么材料呢?想好这些,就能创造出只属于你的作品。

我刚进公司时,大概是受到前一年举办的长野冬奥会

---

① 又名琴酒,英文为 gin,也叫杜松子酒,一种烈性酒。——编者注

的影响，电视上到处都是催泪节目，只要转过头看看，身边的人都在哭。

可是尽管我没有说出口，但心里是别扭的，在心里呐喊："感动的事情有什么好感谢的啊！"

当我注意到自己的想法后，决定把这种感觉做成节目。当时我做出的就是把眼泪变成笑容的《眼泪汪汪》。

节目要让参与者流泪，以泪水的量决胜，我觉得那是我做过的最有趣的节目。可是《眼泪汪汪》半年后就被砍了。

原因是我直接端出了浓郁的"原液"，导致受众太窄。

不过"原液"本身恐怕并不难喝。如果能够加入更好的故事线和流行的制作，调成能够被大家广泛接受的味道，或许能够以另一种形式接受挑战。

其实我到现在依然在使用当时的**"原液"**制作综艺节目，那就是**"尽管嘉宾本人很认真，但是在旁人眼中，嘉宾拼命流泪的样子就是很好笑"**。

如果不相信自己的感觉，只看市场情况的话，节目绝对会在中途失去热度。**在最后的最后，创作者一定会偷懒，做出在播出时让自己羞愧地低下头的作品。**

所以就算是领导分配的项目，也要在其中加入自己的"原液"，哪怕只有一滴也好，要让自己能够接受**"这是我的作品"**。

传达出"有趣的核心"

创意和笑话很像。你想给别人讲笑话时，心里已经想好了梗。可是如果说得不好，就会变成无聊的故事。

想到好的创意时同样如此。需要用对方能够理解的方式表现出有趣之处。否则难得想到的创意就会成为只有自己理解的内容，导致无法落地。

那么该如何是好呢？

首先，重要的是分解自己认为的有趣，找到核心。

假设你想出了一个**"剧团一人被逼到绝境的策划"**。这时，要用一句话表达出策划的有趣之处。

因为剧团一人是**搞笑艺人**所以有趣吗？因为他是**中年男性**所以有趣吗？因为他**已婚**所以有趣吗？为什么选择**已婚的人**会有趣呢？

如果是"剧团一人光着身子穿围裙做饭的策划"怎

么样？

做饭是有趣的核心吗？光着身子穿围裙是关键吗？他紧张的样子有趣吗？

就这样尝试将元素一一分解。

如果你平时坚持练习将"有趣"进行因数分解，那么向别人介绍创意的方式就会改变。

比如：四十多岁，已婚的剧团一人光着身子穿围裙做饭，时不时让周围的人捏一把汗，简直被逼到了绝境，这样的情景应该会让观众觉得有趣。

如果你自己都不理解有趣的核心，就无法给别人介绍清楚，会得到错误的建议，而且创意有可能会被擅自更改。

为什么有趣？哪个部分是不能让步的？和周围的人共享有趣的核心，注意不要偏离核心，就能自己展现出脑海中的"有趣"。

要养成做策划的习惯

要像每天吃早饭和刷牙那样养成做策划的**习惯**。

大家或许觉得做策划和习惯是完全不同的两件事，但是**只要养成习惯，做策划就很难受到积极性的影响**。

首先要养成当灵感出现或者想到有趣的事情时，无论多小，都要立刻记在本子上的习惯。用智能手机自带的记事本等简单功能也可以。

然后以三天一次的频率检查笔记，替换旧内容，在剩下的内容中选择三到四个做出简单的策划。

做策划就是将只属于自己的灵感传达给别人，告诉他们"这里很有趣"，而记在本子上的简单策划就是策划内容的雏形。

策划雏形要以两周一次的频率进行整理。然后将你认为有趣的内容以每个月一次的频率，经过提炼后做成能够提交给公司的策划书，保存在电脑文件夹中作为候选。

公司募集项目时，可以查看文件夹，派出战斗力强的团队。有时间的时候还可以重新翻一翻策划雏形，找一找有没有被忽略的有趣创意。

检查笔记的日子（三天一次），整理笔记的日子（两周一次）和制作策划书的日子（每月一次）形成规律后，就能养成强制性做策划的习惯。

我会在**谷歌日历上将这些日子设定为重复提醒**。

强制未来的自己完成这些工作。

有的人会感叹没时间做策划，或许只是因为他没有养成习惯，留出做策划的时间。

说到创意，大家或许会想到天才般的灵感，可是只要你不去想，灵感就不会出现。

大家不要期待偶然到来的灵光一现，如果想做出好的项目，就要在日常生活中投入时间，养成创作的习惯。

利用自己的人设

07 第 5 章 策划方法篇

大家看到前辈开会时介绍的《年轻人会喜欢什么》的策划书时，有没有产生过吐槽的欲望？如果不是当事人，纯粹利用想象容易做出千篇一律的项目，总觉得不对劲。

所以做策划要从"自己的属性"出发，做提案时也要**充分强调这一点**，才能具备强大的说服力。

因为流行，因为其他公司取得了成功，这些**根据"市场的喜好"做出的内容往往会和其他人重合**。而且公司绝对会选择有实际成绩的"老手"的方案。因为对公司来说，这是更加保险的选择。

要想从必定会失败的红海中脱颖而出，就要拿出只有自己才能做出的策划方案。

年龄、性别、成长轨迹。

如果你还年轻，那么你会有什么前辈们想不到的视角？

如果你和我年龄相仿，那么就要做出年轻人想不到的、只有我们这个年纪的人才能想到的策划方案。

要找到切入口。**找到自己的属性，找到自己作为消费者看到的社会景象，**同样可以成为能说服公司的素材。这是必须写在策划书第一页中的内容。

如果今年是你进入公司的第三年，那么首先可以将二十五六岁的年龄作为切入点，介绍时也要提到："我们这个年纪的人看到这些信息时会有这样的感觉。公司的潮流是这样的，我们追求这些，所以我做出了这个（前辈做不出来的）方案。"这样一来，**你的策划方案就会有说服力。**

还有一点。你在公司的人设同样是重要的出发点。

大喜利①是否好笑不仅仅在于内容，说话的人同样会产生影响。策划方案同样如此，有些内容会因为说的人不同而变得有趣。

能仅凭策划内容本身取胜的，只有天才般有趣的点子。所以要冷静客观地认清自己在公司中的人设，想一想你的包袱是否能够抖响。如果你是个循规蹈矩的人，就要拿出天马行空的内容；如果你是个活泼的人，就要拿出严肃的

---

① 大喜利：最后一幕，压轴戏。压轴戏是指整个故事中最精彩最具转折性的部分。——译者注

内容。这也是一种提出方案的方法。

我在做助理导演时，因为明白自己在别人眼中是个认真的人，所以会特意拿出出格的策划方案，我的目的是做出反差，让大家感到惊讶，这是那个佐久间吗？为了让公司采纳自己的策划方案，勇于挑战不同的风格也是十分重要的。

应该在什么情况下送出策划书？

08

除了在公司内部提交策划书，有时还要向公司外的人提交。目的是让对方看到你的诚意，说服对方，让对方同意你的策划。

这样的策划书同样是情书。

但是这封情书很难送出。大部分情况下，对方会要求以邮件形式发送。

所以发送策划书时的邮件内容，就成了对方打开策划书前重要的引导信息，决定了对方打开策划书时的心情和期待值。

送情书时，需要邀请对方在放学后来到学校后面。邮件内容就相当于你的邀请。

你需要告诉对方的只有一点，那就是**"为什么选择你"**。

· 这个项目为什么只有你才能实现？

- 为什么最适合你？
- 你的加入会让项目变得独具魅力。

如果对方不能理解"为什么选择我"，就不会打开策划书，就算打开也只会一扫而过。

还有一点。是否能得到期待的答案，关键不是策划内容的细节，而是要传达出**你（做策划方案的人）是最相信项目有趣的人**。

开头和结尾的寒暄只要不失礼数，用千篇一律的内容就可以。更重要的是告诉对方为什么**你希望他能加入这个最好的项目**。

但是不能因为有热情，就发一封长长的邮件。对方很忙，不能占用对方太多时间，你需要做的只是传达热情。

09 没有不赚钱也可以做的项目

接下来，假设项目顺利通过。我想做有趣的内容，希望通过的项目能一直做下去。

可是公司想做的并不是有趣的内容。所以为了让我的项目能够一直做下去，必须让它始终散发出公司喜欢的气味。那就是**"能赚钱的气味""成长的气味"。**

只要满足其中一点，公司就会不断给我机会。因为二者都是公司作为营利机构**继续支持的理由**。

所以我们作为玩家，不仅在做策划的时候，还要在公司判断项目是否继续时，也要展现出项目能够**轻松赚钱**的一面，或者成为风投企业中所说的"独角兽"的可能性。

比如电视台就是一个非常残酷的世界，节目随时有可能停播。

如果收视率不够高，那么只要没能做出让拥有决定权的人想看到的内容，就随时有可能停播。就算你解释说节目"拉到了年轻观众"，也没有人会听。所以每个节目都必须散发出"进步的气味"。

比如深夜档节目《这里那里奥黛丽》。

虽然要感谢大家给了这档节目很多支持，但它其实只是一个简单的谈话节目，很容易停播。所以在新冠疫情出现时，我立刻开始策划网络播放。如果能实现此前没有成功过的、单个节目的网络播放，这个节目在公司里的存在感就会增加。如果卖得好，我就有了继续制作的理由。

从结果来看，网络播放大获成功，尤其是第 2 期，一共有 8 万人观看，仅是节目现场的门票收入就达到了 1.7 亿日元[①]，加上节目周边的产品，销售金额创下了最高纪录。

只要你还在营利公司工作，就不可能不用赚钱。只要做出有趣、新颖的产品就好：**这种梦幻般的职场恐怕并不存在**。为了能够愉快地工作，为了能够继续做想做的事情，要说出你能为公司提供的好处。**为公司做出贡献，并且明明白白地说出来，你才能继续做想做的事情。**

---

① 1 日元约为 0.05 元人民币。——编者注

从好失败中学习 10

人们常说要从失败中学习,其实失败有两种,好失败和坏失败。没有建立假设的挑战会带来坏失败,在假设的基础上进行的挑战会带来好失败。

做策划时不要赌,要不断建立假设,有目的地进行挑战,那么就算失败也是有意义的,我们从好失败中能够学到东西。

为了尽量提高好失败的"质量",我们需要思考的是挑战的正确性。

不要盲目挑战,要根据情况和数据预测结果。

只要你考虑得足够周全,就算失败了也无妨。

如果没有事先建立假设,那么当挑战失败时,失败的"质量"就不会好,只会留下失败的结果。我不是个赌徒,也不是个会闭眼向前冲的人,所以**总是会建立假设,只做自认为是正确挑战的策划方案**。这一点在我创业后,依然没有改变。

比如在我不知道应该把《佐久间宣行的 NOBROCK TV》做成什么样的油管网节目时，同样是建立了以下假设之后才开始挑战的。

为了争取点击率，应该选择做排行榜或者美食榜等信息类节目。可是现在几乎没有主打搞笑的节目。这不是因为观众没有需求，而是因为制作搞笑节目太费工夫。如果花大量时间和成本在油管网上制作综艺节目，就能成为独一无二的存在，还能提高创作者的影响力和知名度。

结果截至现在，我认为这次挑战没有做错。可是如果今后走向失败，就说明我的假设是错误的。如果失败，我会学到"油管网的用户喜欢更轻松的内容"，增加自己的经验。

项目是否能够取得成功，没有人知道结果。不存在能看到结果的挑战。尽管如此，也要勇敢地做出自己认为正确的挑战。

这样就能对自己挥出的球棒负责，就算失败，**也能验证假设中错误的地方，找到本以为正确的算式中出问题的地方。**

相反，如果你没有属于自己的假设（算式），就无法对失败进行分析。看到错误答案后再思考算式，不过是完全无意义的生搬硬套罢了。

不能连续失败

11

　　在公司里还有一项重要的技巧，那就是不要给别人留下"没有亮点的失败角色"的印象。

　　尽管不能过于害怕失败，但是对创作者来说，对失败感到麻木会致命。

　　如果你的策划一直只能勉强通过，身边的人就会认为你是存在感低、不断失败的家伙。以电视台为例，相当于你做的节目的收视率没有起色，马马虎虎地保持半年到一年左右。

　　这样一来，你就不会得到好的工作。

　　存在感低，连续失败的人是无法止损的。

　　没有人会期待你打出能够逆转比赛的本垒打，你也不会主动努力，只能选择等待。为了避免落到这样的地步，你需要做的是在初期设定**"期限"**和**"目标"**。

没有完成就果断撤销项目的"止损思维"同样重要。**比如决定要在三个月到半年之间拿出某些成果。**然后为了达到目标事先准备几个方案。

如果在此期限内，没有任何一个方案爆火，那么很遗憾，这个项目就是失败的。应该判断是你预测错误，应该**果断撤销这个项目。**动作迅速，果断决定，就不会成为连续失败的人。

准备好的方案就算不是能够打出逆转本垒打的好球也没关系，只要能够成为继续挑战的资本就可以了。

在资金充足的大公司里，你或许有机会以几年为单位做出挑战，但大部分企业并没有这份从容。

我明白想要跑完全程马拉松的美学，**但全力冲刺跑完几个 100 米，同样是职场人士的使命。**

失败的时候要潇洒地离开。不要舍不得创意，要继续前往下一场比赛。

12 不断吸收新鲜事物

创意来自此前的人生积累。

你现在脚踏实地努力就算无法在明天得到结果，也会在 10 年后起效。**所以如果你不想在 10 年后成为抱着过去的残渣生活、头脑空空的大人，就不要偷懒，继续吸收新鲜事物吧。**

这是我这个即将步入 50 岁的人才能说出的话。尤其是在 40 岁之后，我越来越多地感受到这笔"积累的财产"。

我从 30 岁到 40 岁的 10 年间，几乎每天都要去看小型演出、追新剧团、看主流或小众的电影，增长见识，建立人脉，当然，这些都是我喜欢做的事情。

很感谢晚辈创作者们常常对我说："您一直在创作，很了不起。"其实**这都是多亏了当时吸收的新鲜事物**。直到现在，我都没有遇到过想不出策划和创意的情况。

输入是输出的源泉，头脑中的素材决定了创意。所以策划方案是好是坏并不是由才能决定的。

能够让自己在 10 年后继续创作的是今天吸收的信息。

总有一天，积累的差距会表现出来。要如何利用 1 天、1 周、1 个月？要看些什么，经历些什么？

请大家重新审视利用时间的方法吧，不要让 10 年后的自己后悔。

痛苦的事情总有一天能变成素材

13

关于策划，我再说最后一点。人生的一切都能成为策划的素材。每天都在变化的情绪，看过的书和电影，甚至是重要的私人生活。就连糟糕的事情，让人想要流泪的痛苦，都可以升华成为策划的素材。一切都能成为素材。

30 岁，就在我感觉能够做出属于自己的项目，感觉找到了方向的时候，我当上了父亲。

育儿的过程充满了喜悦，但是另一方面，也占据了我大量的时间，留下了一些遗憾。

遗憾同样是因为与我年龄相仿的男性同事中，还没有人有孩子。

在电视行业，从业人员结婚生孩子普遍很晚。我不是夸张，当时在我的身边，在 40 岁前有孩子的男性制作人数量为零。所以我在 30 岁成为父亲的时候，感受到了巨大的障碍。

一心扑在工作上的同事,以及没办法尽情工作的自己。

没有人理解我有了孩子以后的生活。就算熬夜工作,第二天依然要做早餐,送孩子上幼儿园,让我又困又不耐烦。我还记得后来当上助理导演时痛苦的经历。

36~37 岁,是我事业蒸蒸日上的时期,又遇到了孩子考试,那时同样很辛苦。我当然要为家人的事情全力以赴,不过现在能够记住的,只剩下忙到头晕眼花的每一天。

看到同事们,我确实会想"如果孩子不用考试,我就能再做一档节目了……",不过又会摇摇头告诉自己不能这样想。

可是经过那段痛苦的时期,做父亲的经历绝对让我的视野更加开阔。

最重要的是能够完成的工作量增加了。离开公司后,尽管工作量常常会多得让人担心,但是想想当时,就会觉得完全没问题。与忙碌相比,不能一脚油门踩到底般尽情工作的时候,反而让我在精神上更加痛苦,会觉得我明明可以做更多。

另外,能做出树立我个人风格的节目之一《Piramekino》,也是多亏了我的女儿。

想出那个创意的时候,我 33 岁,女儿 3 岁。那档节目绝对是因为她出现在我的人生中，我才能做出来。因为我明白父母和孩子生活的真实感受，才能策划出那档节目。

现在我们做出动画内容和油管网上的内容，绝对也是多亏了女儿。她教会了我很多东西，我才能做出让喜欢看动画片的人满意的作品。

不仅如此。因为在育儿的过程中，我和妻子都深切体会到一边照顾孩子一边做饭的痛苦，才对以前不感兴趣的快手菜有了兴趣，在我策划《苏格拉底的叹息》时起到了帮助。

《有吉弘行虽然"毒舌"……但是新闻开始了》，同样是在育儿过程中和妻子讨论我们还有很多不知道的社会常识时想到的创意。因为有了家庭，有了孩子，我才能切身感受到保育所和待机儿童①等问题，制作节目的契机是我和妻子的讨论。

当然，不是所有事情都进行得顺利。

但是只要带着"难得经历过，就作为素材吧"的心态，就能看到更多只有自己才能看到的景色。我认为能够从各种各样的经历中得到解脱，让它们升华，同样是创作者的幸运。

---

① 待机儿童：已经到了进入保育所的年龄，却因为保育所的设施和人手不足，只能在家排队等待的儿童。——译者注

专栏　佐久间宣行的策划书

GParadise 时段[①]**策划书**
尽情哭吧，然后前进！
"哭吧，加利福尼亚"

策划　岛川 SP 团队　佐久间宣行

> 这就是后来的《眼泪汪汪》

> 为了用标题吸引眼球，最初以《飞吧伊斯坦布尔》和《加州酒店》这两首歌名为灵感，想出了这样的标题。

项目主旨

总之，哭出来吧，尽情哭泣吧。出现在电视上的普通人在哭，艺人也在哭，他们因为各种各样的原因而哭，因为令人感动的故事而哭，因为足球比赛中的进球哭，因为和男朋友分不分手而哭，因为《搏击俱乐部》而哭，甚至因为恋综而哭。无论是奥运会、非常优秀的电影、小说，还是音乐，最终的落点都是"能不能让人哭"（在现实中，我们经常听到诸如"我看哭了""那部作品没让我哭"之类的作品评价）。

现在，日本人希望被感动。大家都在拼命寻找让自己感动的事情，都想痛快地哭一场。

无论是过去还是现在，"眼泪"都是最强大的武器。任何作品、任何节目，最后都在拼命努力让观众"哭泣"，思考如何让观众看到"好的眼泪"。

既然如此，如果流泪不是最终目的，而是前提的话会怎么样呢？

从头到尾都有各种各样的人号啕大哭的节目。无论哭泣时心情是好是坏，都应该有强烈的"悲喜"情绪。

> 这部分需要介绍"为什么现在要做这样的节目"。1998 年日本长野举办了冬奥会，随后的很多节目都与眼泪有关。这档节目要追随这股潮流，同时反转创意，让眼泪变得好笑。

> 项目能通过的重点是强调对大家动不动就流泪感到别扭，引起阅读策划书的人的兴趣。

[①]　GParadise 时段：23:50~0:45。——译者注

暂定名 《哭吧，加利福尼亚》

播放形式 全平台

播放时间 GParadise 时段

节目类型 大哭综艺

收视群体 F1 F2+M1 M2

拟邀嘉宾

主持人　伊集院光 U-turn

嘉宾/导演　宫藤官九郎

系井重里　伊藤正幸等

> 明确显示目标受众
> F1 层：20~34 岁女性
> F2 层：35~49 岁女性
> M1 层：20~34 岁男性
> M2 层：35~49 岁男性

栏目方案

①神谷町女校大哭部

②眼泪研究室——"眼泪能做什么"

③拥有美妙歌喉的女生

④"泪美人"大赛

日本眼泪选拔→进入世界大赛

⑤一生从未哭过的女人和 XX

> 实际上最终的常驻嘉宾是伊集院光先生、搞笑组合奥赛罗、小田切让先生。

栏目方案　详细内容

①神谷町女校大哭部

→"我想成为非常美好（悲伤）的故事的主人公，痛快地哭一场"，每次登场的女生（男生）都带着这样的梦想。无论他们梦想中的故事是什么，节目都会完美重现，让嘉宾在万事俱备的情况下痛快地哭一场。相反，节目组也能实现他们的另一种愿望，想看嘉宾在故事中哭泣的样子。

②眼泪研究室——"眼泪能做什么"

→"哭能解决什么样的问题？""哭泣对人的外貌能产生多大的影响？"以此为主题，每次在各种各样的地点和情境下

机智的职场生活　拒绝内耗，位速晋升

> 当时东京电视台的策划书格式（应该）是 2~3 张 A4 纸，（除黑色外）只能用 2 种颜色。

> 这是我人生中第一个通过的策划，当时我 25 岁！

做实验。

③拥有美妙歌喉的女生

→有烦恼的女生登场，向主持人和嘉宾倾诉日常烦恼后，再饱含情感地唱歌以疏解情绪。审查员根据烦恼的程度、选曲的品位和歌唱水平打分。

④"泪美人"大赛

→由观众寄来"美丽的哭颜"照片，每次以对决形式选出一期最佳泪美人。最后举行总冠军赛。

⑤一生从未哭过的女人和XX

→作为特辑之一。真的很少流泪的铁面女登场。用嘉宾、主持人、观众的投稿等决定让她哭泣的栏目。就算大张旗鼓地安排，也会显得很愚蠢。

> 栏目方案要简单易懂，让看策划书的人脑海中能够浮现出画面。

机智的职场生活
拒绝内耗，倍速晋升

第 6 章
心理健康篇

CHAPTER 6

心理健康第一，工作第二

希望大家不要忘记，心理健康比任何事情都重要。

如果精神状态出了问题，就不会再有你应该做的工作。

无论是多么重要的工作，多么有意义的工作，都不值得以侵蚀心理健康为代价。因为工作毕竟**只是一份工作**而已。

心理健康比工作更值得保护。

面对工作需要认真，但是不能较真。

侵蚀心理健康的压力就像借钱。在可接受范围内的压力，你可以通过节假日来排解。如果超过了可接受范围，不仅借来的钱还不上，利息还会不断累积。

重要的是知道连续做什么事情会让自己的精神崩溃。比如：

- 经常加班很痛苦。

・被别人不分青红皂白地呵斥会受到打击。

我想每个人都有很多"办不到开关"。别人绝对不能碰到这个开关。

大家绝对不要改变自己和工作的优先顺序，底线是可以坚守的，不要认为"这种事情忍一忍就好""这里可以勉强自己一下""我请假的话会给大家添麻烦"。

我认为面对讨厌的事情，逃跑就是胜利。

我也在不断逃避压力。因为我不想听别人发牢骚，所以决定不参加职场上的酒局。只要觉得不能继续努力下去，就会偷懒去看表演。

正因为我在保护自己的心理健康，才能投入真正应该专心去做的工作中。

我把自己喜欢的事情做成了工作，可是就连我，都常常觉得那不过是一份工作。大家说我看起来一直很快乐，或许是因为我没有将工作视为一切，和工作伙伴都保持着**恰到好处的距离感。**

心理一旦崩溃，就要花时间恢复，甚至有可能无法恢复。

我也见过很多工作伙伴陷入长期的痛苦中。

其实……我也曾因为努力到极限导致精神崩溃，过了一段闭门不出的生活。当时的日子很痛苦，还给身边的人添了麻烦。

正因为如此，我将**心理健康管理**放在第一位，受不了的时候就放弃思考，取消当天的工作**去泡澡**。泡完热水澡后做个按摩，出一身汗后再喝上一杯啤酒，然后什么都不做就睡觉。我只需要做过这些就能彻底恢复，不可思议地变得更加积极。

工作很重要。但是正因为如此，才要想明白**它不过是一份工作**。好的工作都是建立在健康的心理上的。

只有划定期限，
你才能变得无敌

02

看不到工作的未来，很痛苦。不知道继续留在现在这家公司是不是好事。只能辞职了吗……

凡是职场人士，都有过类似的烦恼吧。实际上经常有人找我商量，我自己也经历过同样的过程。

想要辞职时该怎么做？

我建议大家**划定期限**，设定目标，试着朝定好的目标**和期限全力努力**。

迷茫的时候不要踩刹车，试着离开刹车，踩下油门吧。

划定期限是为了投入 100% 的力量。

如果跑马拉松时不知道终点在哪里，在中途就会筋疲力尽。**可是如果明白距离终点只剩 10 千米、5 千米，就能调整步调全力奔跑。**因此请大家先试着划定期限，在到达期限时再决定是走是留吧。

"如果 3 年后依然没能得到那份工作我就放弃，提出调职申请。"

"这份工作我再做 1 年，如果还是没有意思，我就辞职。"

定下类似的目标后，再进行**自我分析**。

现在的自己能做什么，做不了什么，尝试写出自己的能力和技能吧。

比如："我擅长按照现有渠道做销售，不擅长提出新方案。""我擅长做策划，但是在公司里威望不够。"

根据自己的能力，反过来推算该提升哪项技能才能得到想做的工作，如果辞职去其他公司，能不能成为优秀的人才。

既然决定要努力，那么在此期间只要全心全意投入工作就好。要竭尽全力，要做到哪怕没有结果，也能够告诉自己能做的都做了。

如果在决定离开前没有竭尽全力，就会留下遗憾，觉得自己在逃避，就算找到别的工作，这种想法也不会消失。

再说一句现实的话，如果离开公司时没有掌握过硬的技能，在跳槽之后也不会得到好评。

"没什么技能和经验，却想去别的地方工作""我有这样的技能和经验，希望有进一步发展"，很明显，这两种情况得到的评价会天差地别。

努力时不要吝啬，要坚定地前进。在期限到来前，都要保持超级玛丽的无敌状态。

没什么好怕的，带着"失败了不过是辞职"的心态，不要被人际关系和杂音影响，尽情奔跑吧！

顺带一提，我也在 3 年的时间里抱着"失败了不过是辞职"的心态，咬牙坚持辛苦工作，最后拿出了好结果，正是当时的努力成就了现在的我。

划定期限，就能下定决心，也能认真制定战略。**没有时间逃避，没有时间找借口，没有时间摆烂。**

越是在迷茫的时候，越应该划定明确的期限，做出具体的努力。没关系，**在为工作无聊感到绝望之前，还有很多你能做的事情。**

可以对烦恼进行"因数分解"

03

第 6 章 心理健康篇

应该辞职，还是继续工作呢？

当你有这样的烦恼时，还可以做一件事。将问题一分为二，分成**公司**的问题和**自身能力**问题。

公司的问题指的是不知道什么时候会轮到自己的问题，比如，"不能做没有先例的事情""上升渠道堵塞"，等等。

另外，**自身能力问题单纯是自己是否具备技术能力来完成当下工作的问题**。自己动手是否能做出成果？

此时挡在自己面前的壁垒究竟是哪种问题，还是两种都有？

首先整理好问题，然后再考虑怎样跨越壁垒。

二十多岁的时候，我面对的问题首先是"是否能发起新挑战，制作搞笑节目（东京电视台当时没有搞笑节目）"，是公司层面的问题。

在能力方面，我也遇到了"不知道自己有没有做导演的能力"的壁垒。**公司和能力，双方都存在壁垒。**

于是我首先为自己定下了期限，**决定挑战三年，看看在期限到来前能否跨越壁垒**，在此之前一心只想着制作出彩的策划书，这就是我的努力目标。

拿出有挑战性的策划书，如果能通过，说明我在现在的公司可以做出挑战（公司问题得到解决），如果我能做出有趣的项目，同样能够证明我的潜力（能力问题得到解决）。

也就是说在我的例子中，制作出彩的策划书这个方法，碰巧同时跨越了两座壁垒。

要想解决公司的问题，不只需要个人的努力。但是在能力不足的情况下一味说公司的坏话，是没办法成长的。

挡在前方的壁垒究竟是公司还是自己？

只有分清了这个问题，努力才会有结果。

顺带一提，我之所以离开东京电视台自己创业，是因为我想保持内容创作者的身份。在公司，随着年龄和经验的增长，管理方面的工作会增加，逐渐远离一线。但是我还想继续做策划，用自己的双手实现自己的想法。

独立创业后，我没有想过成为管理者。跳出电视台的框架后，我有更多机会能在各种各样的领域进行挑战。这一点同样是因数分解的结果，是我做出的判断。

在公司，有时需要坚持"利己主义" 04

有时候，在公司做一个"利己主义者"会有帮助。

在工作中，如果你感受到正当的不快和不满，尝试鼓起勇气做一个利己的人，将让你感到不快和不满的事情一个接一个击溃吧。**因为让你感到不满的规则和习惯，很有可能同样让其他人感到不满。**

消除职场骚扰就是我做出的一些行为。因为有可能被误解成英勇事迹，所以我很少提到，在我二十多岁的时候，曾经一腔热血地努力消除了团队中的职场骚扰行为。

如果是出于崇高的人权意识和性别观念，那么我的行为就会成为一桩美谈，然而遗憾的是，事实并非如此。

我采取行动的第一个理由是自私的，因为我不想对因职场骚扰而苦恼的人视而不见，让自己后悔，另一个自私的理由则是，我希望我所在的职场让自己工作得更自在。要想做出有趣的内容，会让人畏缩、打击团队士气的职场骚扰是一种**阻碍**。

我并不打算伸张正义，只是在找到确凿证据后平静地说："某某在做这种事情，对公司来说风险很大。"然后将做出骚扰行为的人请出节目制作团队。

现在的日本电视界已经变得非常和睦，我当时鼓励自己做出那样的事情，不过是为了利己，**希望自己在更舒适的环境中工作，希望自己做出更有趣的节目。**

说句题外话，我在某档节目做首席助理导演时，行业实行徒弟制，流行口头传授，而我做了一本像秘籍一样的助理导演工作指南。这是因为从头手把手教晚辈太浪费时间。

这件事的初衷同样是"利己主义"的，不过前辈和晚辈都很开心。

首先，将大家都觉得正当的行为变成是"为了自己"。

顺序很重要，打着"我是为公司好"这种冠冕堂皇的名义带领同伴采取行动，很多时候并不顺利，如果动机是为了员工，或许更容易说服别人。

其次，就算一开始的动机是利己的也没关系。"为自己好"的想法简单，还不会妨碍任何人，能够贯彻初心。

不是为了大家做好事，而是为了自己放手去做，让我们用这样的"利己主义"做正当的事情，击溃职场中的不公平及令人不满的事情吧。

让好运气成为自己的帮助

05

不要小看运气。

归根结底,许多工作是靠运气好。

我是坚定的现实主义者,而且**我读过各个领域做到顶尖的人们的采访,他们都异口同声地表示自己运气好。**

我认为好运气是由信用累积而成的。

"因为我想做的工作缺人,于是让我加入了。"

"社交媒体上认识的人委托我工作。"

"我提要求的时候以为没戏,结果得到了令人满意的回答。"

这些工作上的幸运其实不仅仅是幸运。是因为对方认为你没问题,能想到你,有时会感念你的恩情,才会发生这些幸运的事情。

所以好运气和缘分非常相似。

运气基本上无法自己控制。不过我们可以努力不放过在不经意间到来的好运气。

亲切和诚实会架起一座名叫"信用"的桥，让好运气沿着桥向我们走来。

所以不好接近的人难以获得别人的信任，好运气也不会降临在他身上。

顺带一提，我所说的亲切指的不是唯唯诺诺，而是随时随地保持平易近人的态度，并且一以贯之。

尽管电视剧和漫画里描述的工作能力强的人往往一身傲骨，可是现实世界中的超一流人才中，几乎没有那种类型的人。

因为阴晴不定、目中无人、总是摆出一副臭脸的人很难得到他人的信任，而能够自己调整情绪的人，往往更容易得到他人的信任。

我能当上《彻夜畅谈日本0（ZERO）》[①]的主持人，一部分是靠运气。

说到节目组为什么会想到我（自己写出来有些不好意

[①]《彻夜畅谈日本》（*All Night-NIPPON*）是日本广播电视台播出的深夜电台节目，会冠以当时的固定主持人的名字，如《AKB48的彻夜畅谈日本》。后衍生出多个相关节目，本书作者主持的《彻夜畅谈日本0（ZERO）》便是其中之一。——编者注

思），几年前，某位艺人邀请我做《彻夜畅谈日本》的嘉宾时，我没有摆出高高在上的态度，而是**亲切愉快地与他相处**。几年后，我参加《AKB48 的彻夜畅谈日本》时，秋元康先生认为我是个温厚有趣的人，认为我适合做常驻嘉宾，于是将我推荐给了日本广播中心，以此为契机，节目组和东京电视台取得了联系。

东京电视台也相信我平时不会说别人坏话，所以应该不会说出会给公司带来负面影响的话，于是同意我在其他媒体平台参加节目。

认真工作也会带来好运。

工作时要做好万全的准备，要真诚待人。要做运气差的准备，想到最糟糕的情况，细心做好准备。

以我的工作为例，我总是会想到录制时可能会下雨，精心准备，在任何天气中都能做出完美的节目。日积月累就会形成信用，能够带来好运气。

没有人知道好运气会在何时、以什么样的形式到来。**只要我们踏踏实实地架好"信用之桥"，让好运气能够通过，好运气就会在我们已经忘记的时候，以令人惊讶的形式到来。**

06 当你缺乏干劲的时候，或许是陷入了重复劳动

第 6 章 心理健康篇

总是在做缺乏刺激、没有成长机会的重复劳动的人，会陷入**缺乏干劲**的状态，觉得就算不是自己来也没关系。

"回过神来发现，我还在做和半年前、一年前一样的工作。"

"专业技能没有提升，我做的都是知道自己能做的工作。"

陷入泥沼中的人，首先应该**设定三至五年后期望达成的中期目标**。

如果没有中期目标，就会始终以眼前的工作为先，不停地做重复劳动。

可是制订计划后，想想自己该怎样做才能在几年后接到想做的工作，要具备什么样的能力才能实现愿望，然后根据结果倒推，就能开拓出摆脱缺乏干劲的道路。

方法就是找到**在当前的工作中加入为了达成目标，必不可少的要素**。将现在能做到的工作和暂时做不到的工作结合起来，创造出下一个落脚点。

我的职业生涯就是这样走过来的。举例来说，当我**希望在五年后尝试拍电影**时，就将拍出我喜欢的电影的制作公司纳入了团队中，和我们一起制作综艺。

当我想到**只要周边赚到钱，就可以制作自己喜欢的节目，不用考虑赞助商**时，就和设计师合作设计出了时尚的周边 T 恤。

在练习的过程中，我做到了一个小小的电视制作人无法做到的各种事情，比如电影制作、线下活动导演、线上节目推广等。

我没有做重复劳动，没有失去朝气，能够让自己不断成长。

不过，只为自己考虑，扩大业务范围，往往会让周围的人不高兴。

因为这些工作不是公司希望得到的工作，所以周围的人不高兴也是没办法的事。

可是如果不能踏踏实实地种下种子，那么在三年后、五年后，自己都不会发生改变，只能始终带着曾经的梦想面对自己。

只有匠人能凭借一味追求同一项工作的质量和精度养活自己。

如果没有成长和变化,我们就会陷入缺乏朝气的泥沼,一旦失去现在所在的部门和公司,就会无法生存。

如果你现在还在做着和一年前、两年前一样的工作,尤其是没有挑战、能熟练完成的工作,或许说明了你没有目标,只是盲目前进。请停下脚步想一想,三年后、五年后,你想变成什么样子?

有节能模式是好事

就算尽最大的努力,依然完全对这份工作提不起兴趣;被强行拉进了不喜欢的长期项目中。

只要身在公司这个组织中,员工就可能会遇到类似的情况。

这时,**我会认真完成自己的任务,不给公司和团队拖后腿,在此基础上尽可能节约能量**。然后利用节省出来的时间,努力为想做的事情做积累,充实私人生活,**等待下一次机会**。

顺带一提,如果我明显在以节能模式工作,公司往往会认为我不适合这份工作,让我早早从这份工作中解脱出来。

作为职场人士,既然拿着工资,工作就不能偷懒。**要拿出对得起工资的成果回馈公司,不过在努力工作的同时,要默默地锻炼自己,等待机会**。

也可以再积极一些，**创造并不存在的工作**。想方设法在被分配到的工作中创造出与你想做的事情、感兴趣的事情相似的工作，从中磨炼技术、积累经验，为下一阶段做准备。

在25岁到30岁时，我曾经负责过一个演歌[①]节目。恐怕那是我并不适合的领域。该如何才能让那份工作变得对我有意义呢？思考之后，我想到可以做"重现歌手趣事的视频"。

我曾经想做电视剧，于是想办法让这个提案通过了，接下来就是思考如何制作、联系演员、去外景地拍摄重现片段、花时间剪辑。

在我后来策划电视剧的时候，那次经验派上了很大的用场。

无论是多么不感兴趣的工作，都不要摆烂，不要觉得只能做无聊的事情，而是要创造出不存在的工作。

"创造职场履历"的说法容易被误解，其实完成自我提升不仅可以通过调岗或者跳槽，像这样有些强行地创造出工作、掌握技能的方式同样可以**自己主动创造职场履历**。

不要放弃，不要觉得在这里一定做不到，试着寻找自己能做的事情吧，这样就可以得到明天的机会。

---

① 演歌是一种音乐类型，主要流行于日本。——编者注

相信奇迹

08

"厌倦了工作。""无聊。"

这种情况下，只有自己采取行动才能解决问题。

厌倦情绪不会随着时间的流逝而消失，如果什么都不做，情况只会越来越糟糕。

尽管如此，如果你对让你感到烦躁的厌倦情绪放任不管，或许将无法继续**相信自己能够带来变化**。

出现惊人的幸运事件，情况在一夜之间发生改变。这种奇迹说不定真的会发生。

有时我们的策划方案明明通过了，大家都在为启动项目而努力，可是公司却认为看不到希望，要求项目立刻中止。

因为公司往往会以"节约经费"和"止损"为目标，**所以比起立项，坚持更困难。**

在很多公司，重要的是"**紧握 KPI**[①]"；而在电视台，**基本的 KPI 就是收视率**。可是我制作的节目往往不是凭借收视率取胜，所以每次都必须向公司提出新的 KPI 方案。

上文提到过那档面向孩子的节目《Piramekino》。

我明白这档节目不会取得像面向成人的节目那么高的收视率，所以必须有其他 KPI。

如果只凭收视率做判断，这档节目毫无疑问会失败，会马上被叫停。

于是我向公司提出的 KPI 是：**创造出在孩子们中流行的玩笑或者歌曲**，以及**在活动中动员很多孩子**。二者都是东京电视台没有经历过的"成功"，所以会留下很强的冲击力，公司也因此接受了我的提案。

背负着这样的 KPI，节目在 2009 年 4 月开播。尽管刚开始完全找不到感觉，不过到了第 3 期，学校里开始流行"**Piramekino 体操**"。我觉得**这下成了**。

多数情况下，我们需要在下一个季度开始前的 2 个月内决定一档节目是结束还是继续。在我无法忘记的 2009 年 7 月 27 日，2009 年的暑假我们要决定《Piramekino》是否继续做下去。我决定在读卖乐园办一场直播，这个场地能

---

① KPI 指关键绩效指标。——编者注

容纳 7000 人！

如果直播满员，赞助商看到后或许会继续支持。平时一期节目的预算不到数百万日元，但是我相信会成功，于是在直播那天投入了将近 2000 万日元。

直播当天，**天降暴雨**，仿佛在嘲笑我的心愿。现场弥漫着绝望的气氛，工作人员都带着痛苦的表情。

"台本湿透了。""摄影机开始出问题了。"

不行，尽管我们做出了所有努力，但一定会输，节目会结束。当我想到这里，制作公司的制作人冒着雨冲了过来。

"今天要办活动吧？车站那里排了好长的队，有好几千人。"

听了他的话，我跑到会场外。眼前的景象让我大吃一惊。我看着许多人打着伞或穿着雨披朝会场聚集而来，队伍从会场一直排到车站。这么多人，简直难以置信，我的身上都起了鸡皮疙瘩。

直播在格外热烈的气氛中开始了。孩子们在暴雨中跳起了 Piramekino 体操。在活动即将结束时，雨停了，天空中出现了彩虹。

为了让大家看到这个"7000 人组成的画面"，公司决定继续做节目。

我们赢了。

由于会带来变化的挑战很难以现有标准进行评估，故很难得到认可。为了找到新的评价标准，我们必须特意挑战更高的目标。这样做的难度很大，失败的概率也很高，但是只有这样做，才能找到真正有趣的工作。

工作中的迷茫就像沼泽。如果陷入沼泽，我们就只能在浑浊的泥水中寻找喘息的方法，或者想办法找到落脚点，爬上陆地。两种方式并没有优劣之分，不过我们首先要努力从沼泽中脱身。

一切要从相信奇迹开始。

变化不是自己出现的，而是由人带来的。只是一小步也没关系，首先你要向前踏出脚步，等待奇迹的出现。我希望你也能体会到如此振奋人心的奇迹。

解说　与佐久间宣行一起工作的故事

《佐久间宣行的彻夜畅谈日本 0（ZERO）》制作人

齐藤修

我是日本广播中心的节目《佐久间宣行的彻夜畅谈日本 0（ZERO）》的制作人，每周会和佐久间先生一起工作，其实刚开始，在广播节目的录制现场，我并没有感受到他是"能干的著名制作人"。

这也是因为我一向对节目制作人有着刻板印象：没有时间观念，顶着一头乱发到场，在自由谈话环节说些无关紧要的话，等等。

而佐久间先生之所以能得到身边人的信任，主要是因为他会在嘉宾遇到困难的时候提出很多有前瞻性的建议；日本广播中心突然发出邀请时，他基本不会拒绝；需要为赞助商做宣传的时候也毫不含糊，所以大家相信他是个能干的人。

而且我觉得，他在广播录制现场毕竟是个外行，能够将节目内容和流程都交给现场的专业工作人员，这种态度也很了不起。很多人会在现场摆架子，说些多余的话，让现场的氛围变得沉重。

佐久间先生每周都会自己选曲，他在自由谈话环节能展现出搞笑艺人的风格。即使面对较为困难的主持任务，他也能从一开始就做得很自然，这让我感觉到了他对广播的热爱，以及作为早稻田大学高才生的出色能力。他平时看起来有些糊里糊涂的，但其实他的工作做得很好，真是个机智的人。

结 语

虽然我写了些好像很了不起的内容，其实我现在每天都在想着"不行了！没灵感""要是我再聪明一点就好了"之类的事情。这是我的性格使然，或许一辈子都不会改变吧。不过和过去不同的是，我会反思"不是天才就要放弃吗？我是因为喜欢才去做的"，并且掌握了很多不会消耗自己的方法，多亏了这些，我才能撑下来。

如果这本书能给大家提供一些帮助，我会非常高兴。

我要感谢负责编辑的石冢理惠子和钻石社的各位编辑，比如田中裕子、在百忙中抽出时间提供帮助的小木矢作、剧团一人、前田裕二先生、河野良先生、伊藤前辈、齐藤修先生等。

接下来，我还要感谢一直和我一起做节目的工作人员，如果没有他们，我就做不出任何节目。还有喜欢看我的节目、听我的广播的所有人，是他们每个人的回应给了我勇气。

另外，我由衷感谢老东家东京电视台的宽容，允许我这个任性的员工独立创业，让我继续制作很多节目。

最后，我要感谢我的妻子和女儿。她们是最有趣、最优秀的两个人，能和她们成为家人，我真的很开心。谢谢你们一直以来的照顾，以后也请多多指教。

　　我们的人生都在继续。虽然会遇到很多困难和烦恼，但是在工作上，只要认真思考、继续努力，有时就会遇到无比幸福和快乐的瞬间，能盖过所有困难和烦恼。这是我真实的感受。如果在未来的某一天，我和你的人生有了交集，请你和我讲一讲有趣的工作故事吧。

　　在那之前，让我们一起"机智"地努力吧。

佐久间宣行